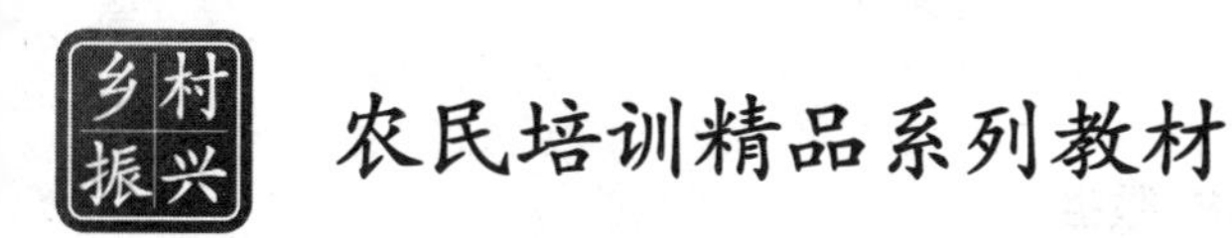

乡村特色产业发展技术与案例模式

李文文　魏　华　李　茹　次仁顿珠　刘琦瑞　肖俊俊◎主编

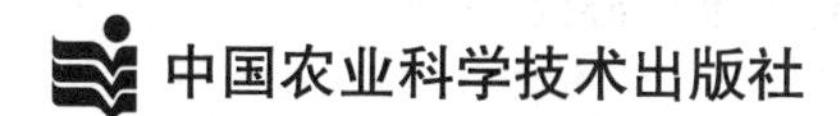

图书在版编目(CIP)数据

乡村特色产业发展技术与案例模式 / 李文文等主编. --北京：中国农业科学技术出版社，2024.4

ISBN 978-7-5116-6754-0

Ⅰ.①乡… Ⅱ.①李… Ⅲ.①乡村-农业产业-特色产业-产业发展-研究-中国 Ⅳ.①F323

中国国家版本馆 CIP 数据核字(2024)第 070322 号

责任编辑 张国锋
责任校对 李向荣
责任印制 姜义伟 王思文

出 版 者 中国农业科学技术出版社
北京市中关村南大街 12 号 邮编：100081
电 话 (010) 82109705 (编辑室) (010) 82106624 (发行部)
(010) 82109709 (读者服务部)
网 址 https://castp.caas.cn
经 销 者 各地新华书店
印 刷 者 北京富泰印刷有限责任公司
开 本 145 mm×210 mm 1/32
印 张 4.375
字 数 130 千字
版 次 2024 年 4 月第 1 版 2024 年 4 月第 1 次印刷
定 价 35.00 元

《乡村特色产业发展技术与案例模式》

编写人员

主　编　李文文　魏　华　李　茹　次仁顿珠

刘琦瑞　肖俊俊

副主编　杨世平　程道辉　彭荣元　王越兴

牛永良　袁　杰　杨会英　任美虹

覃凤山　徐滋森　孙秀枝　吴中平

凌一波　李　磊　袁永强　张洪立

纳雪曼　蒋恩杰　陈建龙　刘琦瑞

孙　蕾　薛科社　柴永豪　汤　波

朱　琳　涂红燕　牟子蛟　任　丹

刘　杰　王　岩　晏春云　韩　峰

编　委　赵　伟　牛婷霞　陈　永　廖运奎

张　倩　夏　媛　董　军　克热木·亚森

前　言

培育壮大特色产业是乡村产业振兴的重要内容，是推动农业供给侧结构性改革的重要抓手，是促进农民增收的重要途径，对于激发乡村活力、增强产业振兴动能具有重要作用。产业兴带动百业旺，从南到北，乡村特色产业发展步履铿锵。

本书共七章，针对乡村特色产业发展面临的技术需求、发展需求和社会需求，层层递进、逐步升华，全面覆盖，为读者提供了贴近社会发展、实用直观的知识体系。具体内容包括乡村特色产业发展、乡村休闲旅游业案例模式、乡村特色产业融合带动脱贫案例模式、“乡村特色产业+文创”业态案例模式、“农产品加工+科创”案例模式、“生态资源和农业+康养”案例模式、乡村特色产业“十亿元镇亿元村”典型案例等，帮助乡村因地制宜地发展特色产业，打造特色农业。

本书筛选了典型案例，并对其基本情况、产业发展过程及经验亮点进行剖析，期望通过村镇特色产业发展的典型和共性特征及方式挖掘，得到有益的启示和范本，推动全国乡村特色产业进一步发展，助力实现乡村振兴。

本书可为乡村产业发展研究者、农村基层组织工作人员、立志在相关领域服务创业人员提供案例参考。

编　者

目　　录

第一章　乡村特色产业发展

第一节　乡村特色优势产业发展的逻辑思路

一、“特色”是乡村特色优势产业发展的核心竞争力

乡村特色优势产业发展之所以能够得到政府的支持成为乡村振兴的重要产业支撑，关键在于乡村特色优势产业的特色属性。因此，在推动乡村特色优势产业发展进程中要明确乡村特色优势产业发展的特色内涵和外延，把握乡村特色优势产业发展的核心，制定更有针对性的政策和措施，促进乡村特色优势产业发展，提升乡村特色优势产业核心竞争力。

首先，以农村资源禀赋为基础。特殊的资源禀赋是支持乡村特色优势产业发展的重要基础。乡村特色优势产业发展必然会借助乡村特殊的资源优势、文化优势、人文优势、经济基础等条件，并以推动乡村经济社会发展作为其本质属性，这是界定乡村特色优势产业的根本前提。其次，要发挥协调带动作用。乡村特色优势产业发展需要按照产业兴旺的原则，在落实好经济目标的基础之上更好地实现其社会价值、生态价值，确保其成为推动区域产业发展“助推力”，协调推进特色产业与其他产业相互促进，形成一条既注重生态环境保护，又实现资源合理利用的可持续发展路径。最后，坚持融合发展路线。通过促进农村一二三产业融合发展，构建新的经济发展形态，并以此为基础孕育出新动能、新增长极，这是乡村特色优势产业发展必须要达到的目标。唯有如此，才能够不断提升自身核心竞争力，才能够体现出自身的特色。

二、产业集聚是乡村特色优势产业发展的重要推动力量

从乡村优势特色产业发展的内在驱动力角度看，乡村优势特色产业要想发展需要产业集聚，而区位因素则成为乡村优势特色产业发展的主要内驱力。区位因素包含商业基础、文化因素、公共服务因素、资源禀赋因素、环境因素等。产业发展必然会与产业的组织形态、市场行为、产业结构、制度安排密切相关，产业发展对整个产业系统都会产生深远影响。在推动乡村特色优势产业发展进程中要充分考虑产业集聚的各种因素影响，将乡村特色优势产业发展作为一个系统来考量。利益相关主体及其关系会对乡村特色优势产业发展质量产生至关重要的影响，产业发展子系统、社会发展子系统、区位要素系统也会对乡村特色优势产业发展产生至关重要的影响。因此，在推动乡村特色产业发展进程中要对产业的系统边界进行系统把握，对于内部要素的逻辑关系要进行认真梳理，对于相关利益主体要明确划分，形成利益分配良性机制，唯有如此，才能促进乡村特色优势产业发展。

地方政府要从宏观层面考虑乡村特色优势产业发展未来前景，要将市场潜力大、就业吸纳能力强、产业附加值高的特色产业作为乡村优势特色产业加以支持，充分认识到乡村特色优势产业的特点和优势，通过宏观布局形成产业集聚，进而为乡村特色优势产业发展提供源源不断的动力。同时，要完善相应规制，优化乡村特色优势产业发展环境，充分发挥乡村特色优势产业的产业带动作用，进而更好地落实乡村振兴的产业兴旺目标。

第二节　发展乡村特色产业的重要意义

党的十九大报告第一次把乡村振兴战略作为国家级七大战略之一提出，再一次体现了党中央对“三农”问题的高度重视。报告中强调农业农村农民问题是关系国计民生的根本性问题，“三农”问题作为全党工作重中之重，农业农村要优先发展。如何做到乡村振兴，习近平总书记提出了产业兴旺、生态宜居、乡风文明、治理有效、生活富裕的总要求。

产业兴旺放在首位，足见产业发展对乡村振兴的重要性。乡村振兴关键问题之一是拉近与城市差距，消除城乡之间的经济差距。产业发展是激活乡村活力的基础与源头所在，只有乡村产业兴旺，才能吸引资源，留住人才；只有乡村经济发展，才能富裕农民，繁荣乡村，否则，离开产业的支撑，乡村振兴就是空中楼阁。特色产业是农村产业的重头戏，乡村没有城市雄厚的资源，要发展优势产业，必须紧紧依靠本地特色资源，才可能在激烈的产业大战之中获胜，所以，乡村振兴的关键点之一将会落在发展本地特色产业上。发展特色产业可以繁荣乡村经济，让农民富起来，此外，乡村发展特色产业还有保护乡村的脆弱环境和让乡村宜居的重要意义。

习近平总书记指出："我们既要绿水青山，也要金山银山。宁要绿水青山，不要金山银山，而且绿水青山就是金山银山。"在乡村振兴的二十个字要求中也提到生态宜居的要求，这充分表明我国已经把生态文明建设放在了突出地位。当下乡村特色产业因为资金、基础设施、人才、运输距离等问题，不适合发展和大城市媲美的工业，所以，乡村要扬长避短，发挥乡村独有的优势——种植养殖、旅游、体验等非规模化的工业产业，此做法也切合经济学的区域优势理论。乡村集中的种植养殖、旅游、体验、加工业等特色产业本身要充分利用本地特色资源，对乡村环境进行保护和美化，让乡村环境更加宜居。

第三节　乡村发展特色产业的对策

一、乡村产业经营主体职业化

党的十九大报告中提到："构建现代农业产业体系、生产体系、经营体系，完善农业支持保护制度，发展多种形式适度规模经营，培育新型农业经营主体，健全农业社会化服务体系，实现小农户和现代农业发展有机衔接。"其中，明确培育新型农业经营主体的提法，同时，习近平总书记提出要培养造就一支懂农业、爱农村、爱农民的"三农"工作队伍。这是习近平总书记站在国家的角度，站在时代前沿，提出适应时代发展的改革。

二、强化基础设施与服务设施建设

乡村特色优势产业发展与区域基础设施和服务设施息息相关。一方面，乡村特色优势产业发展需要形成集聚效应，进而节省成本，提升自身核心竞争力。为此，地方政府有必要结合乡村特色优势产业发展实际，加强基础设施建设，打造产业园区，为乡村特色优势产业发展创造良好基础。在具体实施过程中，政府要充分发挥其主导性，持续的完善农村地区的水电、道路、教育、医疗等公共基础设施和服务设施，为乡村特色优势产业发展营造良好的外部基础，为人才引进创造良好的生存环境。通过多渠道发力，有效地解决当前乡村特色优势产业发展突出的短板问题，并制定有针对性的解决措施，让乡村特色优势产业发展免除后顾之忧。另一方面，建立高水平的就业创业服务体系。地方政府要加大对农村地区服务网络延伸，为乡村特色优势产业发展提供网上办事、证照办理、政策扶持、税收缴纳等多种服务。政府各职能部门也要向下延伸，经常深入乡村特色优势产业企业了解情况，让乡村特色优势产业企业少跑腿，让平台和数据多跑腿。此外，完善现代流通服务体系。乡村特色优势产业发展的产品需要以完善的现代物流体系作为支撑，地方政府既要给予农村现代流通服务体系建设足够的政策支持，也要加强相关人员的教育培训，对整个市场秩序进行监督，确保现代物流服务体系能够真正地服务乡村特色优势产业发展。

三、因地制宜选准特色资源发展乡村产业

每个地方都拥有自己特色的自然环境，独特的环境赋予人们不同的生活方式，正如俗话说的："靠山吃山，靠水吃水"和"一方水土养一方人"。因此，可以在特色自然资源方面深入挖掘。自然资源可以是美丽的山水资源，包括名山、名水、名城、名窟等自然神奇的景色。如云南泸沽湖景区便是成功的典范，它就是利用泸沽湖美丽的湖水做文章，吸引全国的游客源源不断前来游玩，再以此发展其他产业。除了名山名水外，还有很多自然禀赋可以利用，可以是海拔高度、气候、土壤、阳光、泉水等，如海南澄迈桥头镇就是依靠丰富的

硒资源发展富硒地瓜特色产业带动整个县的经济发展，广西天峨县利用独有的海拔高度和气候打造珍珠李，把边远山区天峨县的特色农产品推向全国。广西罗城依靠一个大山泉眼发展野芭蕉矿泉水知名企业，所以要发展好乡村产业，可以从全方位的自然资源角度挖掘。

四、人文特色资源

人文资源可以包括民族文化、饮食文化、历史名人、历史古迹等，云南凉山县对摩梭人走亲文化进行开发，很多人就是为了了解摩梭人的走亲文化，而不辞辛苦，千里来访，这给当地的旅游也带来繁荣，改变了当地落后的经济情况。对全国的各种古城老镇进行开发也是对人文文化的开发。此外，还可以对非自然的人造特色资源进行深挖。所谓的人造特色资源，就是本地没有，或是历史上没有的特色，人民利用各种条件创造出来，富有本地特色的资源。在这方面比较成功的开发案例也很多。例如，浙江横店影视城闻名遐迩，门票仅 110 多元，受影视文化发展的影响吸引了众多的游客，横店因此而闻名，因此而繁荣。专家结合旅游线路和景点给广西大新县设计出各种故事，为一些山水赋予故事，让整个旅游更加精彩。

五、创新乡村特色产业模式，保证企业存活率

要解决产业发展的资金和基础设施问题，需要政府、社会组织、民众的共同努力。一是政府发动，地方政府有责任和积极性支持地方产业的发展，因此，许多地方开始出现了“政府发动，企业牵头，农民参与”的发展产业模式。地方政府加大了对乡村的投入，保证产业发展的基础水电、路、网等设施和发展产业的软环境，消除企业的后顾之忧。二是企业牵头，企业带来的先进的技术、成熟的管理人才、敏感的产业发展眼光和提前铺好销售市场会给乡村发展产业带来巨大动力。三是农民参与，在政府和企业介入后，农民的积极性会被调动起来，通过合作社的形式参加到乡村的产业发展当中去。四是模式创新，比较普遍的合作模式是“龙头企业+合作社+基地+农民”的发展模式，这样的模式全国各地已经比较成熟，农民的参与途径，可以是土地入股、参与合作社的经营和管理等。一些地方还创新了合作的模

式，比如广西都安县“贷牛还牛”模式——政府发动，企业牵头，保险承保，农民自主。通过以物换物，解决农民资金困难问题，“农民自养、农户代养、合作社代养、集中供养、公司保证销售”灵活的方式解决了农民众多问题。

六、塑造乡村特色产业品牌，提高产业竞争力

（一）严把质量关

针对难以把控乡村产业质量的问题，可以通过有形的市场和无形的市场双管齐下解决。地方政府可以宣传技术和管护要求，使农民了解高质量的产品售价高，从经济收入的角度引导农民提高质量。除了靠价格杠杆调控外，还需要通过有形的手段保证质量。以水果行业为例，每到收获的季节，农民通过各种方式进行销售，标准不一，特别是现在网络发达，淘宝、微信、京东等现代电子商务准入门槛低，容易出现“以次充好，扰乱市场”的情况，严重影响品牌形象，虽然小部分农民可以一时获利，但是损害的是整个品牌形象，最后，会把整个乡村产业推向衰落。对此，可以建立一个大产品集散地，凡是进入集散地所有的产品都必须符合优质产品的要求，才能使用特有的称呼与包装。

（二）深挖产品核心价值

对于乡村特色产业的品牌的打造，关键是如何挖掘产品本身的核心价值。产品核心价值是品牌的主体部分，它让消费者能从众多产品中将其识别出来，让消费者从认同上升到喜欢某产品，是消费者对产品的终极追求。产品核心价值需要从多个角度去挖掘，当企业发展到一定的程度，不仅是单纯销售产品，而且是销售产品的核心价值，通过这个核心价值吸引和保持顾客。可以从产品的营养价值、文化内涵、历史典故等角度挖掘，发现产品独有的价值，以此为突破点，打造品牌。例如，海南富硒桥头地瓜以富硒为卖点，把地瓜销售到国内外。广西巴马以长寿资源为卖点，吸引八方来客。

（三）多种形式打造品牌

对于品牌的打造应该从多个角度考虑。一个品牌的形成应该是综

合体，可以通过传统途经，包括电视、网络、报纸、杂志等，但是对于一些产品，也应该考虑通过非传统的途径进行宣传。例如，东盟博览会、健康产品展览会等大型活动上，对乡村的产品进行大力推介，还可以考虑把现代元素运用到宣传途径中，如把流行的二维码放到地铁、飞机场候车厅、汽车站等人流集中地方的宣传广告中，让顾客通过“扫码”连接到相应的网站，通过产品深度介绍了解兴趣点。乡村产业以综合品牌的形式进行打造和宣传，也就是把某个地区所有的乡村特色产品统一到某个品牌，从综合体出发进行打造，它有利于形成“积少成多，抱团取暖”的优势。特别是对于乡村特色产业而言，更容易形成影响力巨大的综合品牌。对于顾客而言，可以获得多种样式的综合产品，“爱屋及乌”的连带效应也更为明显。

七、综合乡村特色产业途径，保障产业长期优质发展

（一）立足本地特色，因地制宜，加法发展产业

要发展好乡村特色产业，特别是做到产业的融合发展，需要做好前期的产业定位，定位于竞争优势的特色产业，做到“与众不同，难以复制”。因此，需要做到立足本地特色，因地制宜，发展优势特色产业。这个过程的前期需要做好加法效应，联合农户经营，联合企业发展，做好核心产业与其他产业的加法发展。进一步健全完善“公司+合作社+基地+农户”和“订单+期货”的半商业化运营机制，使乡村产业不断发展壮大，催生和发展乡村特色产业。

（二）一二三产业深度融合，培育发展新业态

在良好的产业基础上，需要深入发展二产和三产，第一产有其限制性——价值空间低，容易形成滞销等问题，为此，需要向价值链更高端的二产和三产发展。乡村产业拥有前面提及的特色，有着独特的市场竞争力，因此，可以以此发展加工业或是其他产业，例如，某地拥有特别的长寿资源，可以把当地的“土特产”产业化，加工成为城市人喜欢的长寿食品，经过加工，这些“土特产”卖相升级，价格成倍增加，乡村农民收入更高。同时，开始迈向第三产业发展，乡村特色产业最大优势就是拥有优美的环境资源，也容易打造出人造景色。

因此，很多地方的乡村产业开始向其得天独厚的旅游业延伸，出现了“产业+旅游”“农业+加工业+观光旅游”等发展模式。此外，随着时代的发展，国民的整体素质不断提高，人民对产品的需求已经超越了产品本身，开始向文化、健康和综合体验更高层次的需求发展，这样高层次的需要越来越旺盛，这里的利润空间越来越大。

例如，对于网络认领种植水稻、认领山羊、投资一段体验观光路线，进而在整个生产、养殖或建设运营阶段，消费者可以通过网络或现场参与它们的成长或运营过程，培养一种情感，成为情感体验产品，这些都是现代社会所急需的特产产品。产业融合逐步从简单的种植养殖和加工，延伸到以乡村特色产业为平台的二三产业，这样可以打造出一个集种、加、吃、住、养、游、购、娱等多元功能于一体的综合体，全面升级融合水平，在此过程中不断产生新的业态，获取更多的利润空间。

（三）以供给侧结构性改革优化乡村产业

近年来，很多地方出现“农产品价格低廉，堆积如山，农民亏本”的现象，也出现了类似的“产业+旅游”做法，因为同类产品太多，没有什么特色和竞争力，最后投资失败的情况。这些问题的根本就是供过于求，如何破解此难题，这就需要响应国家号召，以供给侧结构性改革优化乡村产业。供给侧结构性改革就是从供给方入手，避免同质化的产业出现，避免资源浪费。在开发产业前，需要对整个市场进行深入的市场调查，摸清市场需求。对于本地特色要把握准确，要充分挖掘或是创造出独有的特色资源，发展出与众不同的优质产业，这样才能真正做出与众不同的特色产品，不会出现供过于求的情况。

河南省卢氏县：以中药材产业带动发展特色农业模式

一、卢氏县及特色产业发展概述

卢氏县位于河南省三门峡市，拥有4 004 km^2 的地域面积和38.20万的人口总数，是河南省面积最大、人口密度最小的县区。卢氏县素有“天然药库”和“一步三药”之美誉，中药材品质高、产量大、种类全，有21个国家保护品种，316个河南省重点中药材品种。卢氏县各类中药材野生资源面积超过133 333. 33 hm^2，总蕴藏量在10万t以上，年产量稳定在6万t，产值达3. 80亿元。卢氏县成立各类中药材经济合作组织270余家，建成20 hm^2以上的中药材基地70余个，中药材从业人数达6万人以上。连翘、山茱萸、丹参、五味子、黄精、苍术、苦参、柴胡、桔梗、白芨、艾草、天麻、猪苓等具有鲜明特色的中药材品种在卢氏县广泛分布。此外，珍稀名贵中药材（如石斛、重楼、灵芝、蕙兰等）也存在野生种群。

在这样得天独厚的自然资源禀赋条件下，政府通过市场化引导，加强保障市场主体利益、积极延展拓宽产业链条，逐步打造卢氏县中药材产业体系。引进培育庄正艾草、华昱五味子、河南桐君堂等9家重点中药材企业，建有80余家药材合作社，基本形成以县城药王阁市场和各乡镇药材购销门店为交易中心的产供销一条龙产业体系。卢氏县以区块发展为主线，采取“长短结合、高低搭配”的种植原则，在区域内因地制宜发展季节间作、林果间作等栽种方式，不断提高生产效率。按照各乡镇不同资源禀赋，主要发展以连翘、丹参、黄精等为主的道地中药材。通过科学规划、合理布局，产业实力得到不断提升，逐步成为河南省特色农业产业强县。

二、特色农产品优势

连翘是卢氏县中药材最具代表性的产品，在2004年被评为国家地理性标志产品。卢氏连翘营养物质含量高，药用价值大，品质远超其他地区的产品，2017年“卢氏连翘”品牌价值评估为4亿元以上。

卢氏县群众对连翘栽植认可度高，是全国最早开展人工栽植和面积最大的县区。连翘具有极强生命力，成活率极高，盛果期一般在5年左右，而且具有长达几十年的收益期。卢氏县高效连翘资源面积达66 666. 66 hm^2，其中，野生抚育26 666. 66 hm^2，人工种植40 000 hm^2，年产量达3 000 t。卢氏县已建有70个连翘基地，其中，31个百亩*连

---

* 1亩≈667m^2。

翘基地，34 个千亩连翘基地和 5 个万亩连翘基地，连翘产业逐步规模化发展，形成颇具观赏性的连翘沟、连翘带和连翘长廊。全国 1/4 的连翘产量来源于卢氏县，“全国连翘第一县”的称号实至名归。此外，卢氏县建成 30 余个中药材产业扶贫基地，带动将近 10 万贫困人口参与连翘产业发展，实现了贫困户连翘产业全覆盖，增加了农户发展连翘种植的决心，为农户的长期经济收益提供保障。

卢氏县所种植的丹参同样品相上佳，营养价值含量极高，丹参酮含量高达 0.68%；由于卢氏县丹参的优良品质，自上海制药厂建厂起就一直被用作产品的生产原料。此外，卢氏县野生黄精资源丰富，营养价值高、食用口感佳，随着人们对康养保健越来越重视，黄精食用需求量逐年攀升，野生资源已供不应求。卢氏县中药材逐步引起国内知名药企的高度关注，以岭药业、太极集团、北京同仁堂、福森药业等中医药龙头企业培植专业代理人，都在卢氏县采购药品原料。

三、地方特色农业产业发展的成功经验与局限性分析

（一）特色农业产业是乡村振兴的正确途径

通过对卢氏县特色农业产业的详细剖析，可以看出乡村振兴战略——依靠当地的特色产业发展实现乡村振兴的目标，是一条可行、科学的策略。

1. 必须深入探索本地区资源禀赋

发展特色农业产业，必须综合评估本地区土地资源和环境资源，依托资源优势、种植传统，发掘具有当地特色的农产品。打造特色农业生产基地，实现规模化经营，逐步完善产业链条，最终实现特色农业产业化发展。例如，卢氏县山区面积广阔，耕地资源稀缺，利用大面积的荒山荒坡地，大力发展中药材产业，打造连翘、五味子等多个生产基地，逐步扩大产业规模。另外，由于地形原因，当地具有较大的昼夜温差和充足的光照强度，为中药材提供优越的生长环境，有利于提高药材的营养含量和药用价值，凸显产品在市场中的竞争优势。

2. 必须打造特色农业品牌

依托当地优势资源，培育特色农产品，整合市场中相同产品的特

质，发掘本地最具特色的产品优势点，体现“你无我有、你有我优”的产品特性，形成产品差别化，依据产品特点，打造属于自己的特色品牌，树立品牌优势和品牌形象，增强产品知名度和产品影响力，提升产品在市场中的竞争力。

增强品牌意识，有利于建立市场化供销体系，以市场为导向，形成市场化运作机制，进一步提高农户种植积极性，促进特色农业产业发展。

3. 政府必须大力支持和引导

特色农业发展离不开政府的支持与引导。产业在未形成规模化和产业化阶段，市场生态、抗风险能力和农户心理承受力都较为脆弱，没有政府的支持很难自发形成完善的产业体系和经营模式。政府的支持与引导体现在政策、资金、技术等多方面，有利于整合市场资源，培育特色产品，激发生产动力，促进产业规模化生产，提升产品整体竞争力，提高产业抗风险能力，建立市场化运作机制。政府的支持和引导在产业发展中起到至关重要的作用。

（二）区域特色产业发展存在的局限

尽管通过卢氏县发展农业特色产业，对当地的乡村振兴具有决定意义，但区域特色产业发展仍然存在着不可忽视的局限。

1. 市场局限性，产业链难以完整

任何一个小的区域，由于受到特色产业产值的限制，如果不进入全国或世界的大市场，永远不可能做大做强。尤其是区域性特征极强的特色产业，只能通过差异化产品，形成自然垄断来取得垄断利润。但要实现完整的产业链条，需要付出巨大的代价。因此，区域性的特色农产品或产业，应该走出区域性联盟的模式，但行政区划的限制及部门利益，往往会形成区域间的恶性竞争，需要上级部门的沟通协调，这又将导致协调成本上升的问题。

2. 微观主体相对孤单，不能形成集群效应

区域性的特色产业，本身市场容量较小，规模化的龙头企业难以生存，单个企业在环境需求方面很难得到满足，企业存续成本不断增

加。因此，龙头企业不愿承担巨大风险，进入区域性特色产业。没有优质企业的参与，特色产业只能停留在原材料供给的层面上，特色产品的产业化很难落到实处。“公司+农户”的生产模式，是初级阶段的产业形式，无法满足现代企业制度发展，参与不了国际竞争。

3. 人才和服务难以解决

吸引人才需要人才生存的环境。在落后偏远的乡村，医疗服务、孩子教育、公共服务，都达不到人才生存环境。怎么能够吸引人才、留住人才，产业发展所需的技术创新、技术服务如何保障，未来产业如何做大做强、做精做细，提供良种开发，创建品牌和资源保护，这些都需要大量的专业人才来支撑。

四、发展特色农业产业对策建议

（一）政府要科学规划，合理引导产业发展

一是成立特色农业产业发展领导小组，领导小组应吸收国内外相关专家学者。由政府牵头领导，在充分调研及论证的基础上，发展本地特色农业产业。应充分发挥政府、职能部门和行业协会的优势和潜力，加大政策、资金的支持力度，保证特色产业重要地位。二是出台未来5~10年特色农业产业发展方案，制定科学合理的政策制度，明确发展目标，整合市场资源，确立市场定位，积极引导农业经营主体发展，规范农业经营主体行为，必要时应行政干预产业资源外流，增加产地收储量，确保产品价格稳固提升。

（二）打造标准化管理体系平台，确保产品质量

建设管理平台，成立服务团队，统一特色农产品标准。加强产业标准化管理，层层落实责任义务，规范市场秩序，完善生产流程。建立产品审核制度、环保监测制度，聘请第三方机构或者建立产品检测机构，购买尖端的监测仪器，严格检查产品质量，降低农药、化肥的使用剂量，强化打击违规力度，从源头杜绝残次品的产生。建设特色农产品溯源体系，运用AI、区块链、物联网、云计算等技术，实现产品来源可追、去向可查，经管理平台审查通过后，产品才能在市场流通。保证特色农产品质量，提升品牌影响力和市场竞争力。

（三）不断优化营商环境，扶持龙头企业成长

不断优化营商环境，引进培育龙头企业。加强龙头企业与新型经营主体的合作，相互促进，共同发展。加大特色农业企业扶持力度，提供土地、资金、基础设施等方面支持，降低仓储物流成本，扩大农业补贴、农业保险范围，制定合理的农业保险补偿标准。鼓励企业规模化经营，精细化管理，加大科技投入力度，拓宽产业链条，改变“群龙无首、一盘散沙”的局面。扶持企业发展，打造企业品牌，做大、做强、做优企业品牌知名度。正确处理龙头企业与中小企业、合作社之间的关系，实现带动式发展、产业集群式发展。加强企业、合作社和农户的联系，实现产供销有效衔接，确保产业链条健康稳固地发展。

（四）建设人才培养机制，完善技术服务体系

一是加强人才培育，与科研院所、高等院校制定长期的人才培养计划，引进选拔一批理论扎实、经验丰富的科技人才。组建技术人才队伍，开展全过程技术指导，对全产业链进行把脉问诊，破解制约产业发展的技术难题。提升技术服务水平，培养一支覆盖县、乡、村的技术人才队伍，实现“县有专业人才、乡有技术人员、村有明白人”的技术服务体系。二是加大科研资金投入，积极与高等科研院所合作，建设特色农业产业研究基地、深加工工程技术研究中心等科研机构，打造专业研发团队，在良种选育、新品种开发、老品种研发升级等方面加大科技研发力度。依托科技特派员等项目开展定期学习班，聘请农业技术专家、高等院校教授到县、乡、村进行实地讲学，大力推广特色农业产业种植管理实用技术，提高农户的品牌意识、环保意识和法律意识，提升农户经营管理水平。

（五）健全农业产业链条，提升产品附加值

建设特色农业产业园区，打造示范基地。整合优势资源要素，打造全产业链条，延伸产业链、提升价值链、稳固供应链、拓宽收益链，降低生产销售成本。以数字化赋能特色农业产业转型升级，利用互联网智能技术，依托金融、电子商务、物联网、云计算等技术，构建产业发展智慧体系。按照“扩量、提质、增效”三步走战略，扩大

规模效益，发挥资源优势，增加产品属性，培育多层次、一体化产业体系。加入生态旅游、休闲娱乐、健康养生等文旅产业理念，不断促进农业与二三产业融合发展，全面推动产业转型升级。

海南：乡村振兴战略背景下特色产业发展

一、海南传统特色产业助力乡村振兴

（一）保护传统技艺，传承民族文化

乡村传统特色产业，地域特色浓厚，承载着历史的记忆，传承着民族的文化。许多乡村由于缺乏对传统技艺的保护和传承，最终导致传统技艺的消失，这对于乡村和民族来说都是极大的损失。发展乡村传统特色产业能够吸引包括传统手艺人在内的“文化精英”重新回归，支持民间技艺的保护和开发，实现乡村文化的代际传承，培育乡村文化人才，减少民族特色文化的流失；同时也能加深人们对民族文化的理解，树立民族文化自豪感。

（二）提升乡土魅力，满足多元需求

发展乡村传统特色产业，生产和制造独具民族和地域特色的乡土产品，有利于展示乡村传统文化的魅力，形成乡村传统特色产业品牌。同时，随着人民收入水平的提高，人民的需求日益多元化，乡村传统特色产品能够满足人民对于特色小众产品的需求。

（三）产业增收富民，促进乡村振兴

实施乡村振兴战略，要实现“产业兴旺、生态宜居、乡风文明、治理有效、生活富裕”的二十字总要求，其中，产业兴旺是农业农村现代化发展的首要任务和重点工作，是乡村振兴的基础。发展乡村传统特色产业是根据当地情况发展具有民族地域特色的乡村传统产业，不仅有利于提高非农产业在乡村经济中的比重，推动一二三产业融合发展，而且对于实现乡村经济振兴、带动村民就业、引导外出人员返乡创业、增加村民收入、带动乡村经济转型和促进乡村振兴具有重要意义。

（四）带动相关产业，助力自贸港建设

城乡兼具是海南自由贸易港的重要特征，海南60%以上的人口是农民，80%的土地在农村。海南自由贸易港的成功建设离不开乡村的振兴和发展。发展乡村传统特色产业可以同时推动乡村其他产业兴旺，利于带动乡村经济的发展，推动城乡协调发展，助力自贸港建设。

二、海南传统特色产业发展对策

（一）加大资金投入，助力产业发展

加大对特色产业的投入力度。充分发挥项目、资金投入的调节作用，加大对特色项目、特色产业、特色资源的投入，起到导向和引领作用。加大财政扶持力度，确保资金投入取得实效。建立健全财政投入保障和稳定增长机制，确保财政投入与乡村产业振兴目标任务相适应。一要，可以推进涉农企业对接多层次资本市场，针对大部分涉农企业对直接融资相对生疏等状况，每月组织一次资本市场专业培训，通过农业龙头企业金融服务对接培训会、“农业板”专题培训等活动，点对点指导帮助。二要优化财政支农资金的使用方向、结构和效率，统筹安排各类功能互补、用途衔接的涉农资金，实现财政支出更大力度向海南乡村传统产业靠近。三要坚持发挥“政府主导，农民主体”作用，宣传发动农民自觉参与到传统特色产业建设中来。通过整合部门项目、激励社会投入等多种形式，不断改善农村的生产生活条件，夯实特色产业发展基础。同时，政府对各类资金使用严格要求，严格落实专款专用，用到实处。

（二）加强传统教育，培养传承人才

人才队伍，是传统产业与新兴产业协同发展的生命力所在。要推动传统产业与新兴产业协同发展，应加快培育创新型人才队伍。在乡村发展特色产业具体要建立健全的激励机制。积极发挥龙头乡村特色产业的积极模范作用。第一，可以加大对先进典型的宣传，通过社会宣传引导社会转变“轻视传统文化产业”的思想观念，引导年轻人重视掌握传统文化产业技能。可发挥先进个人的积极带头作用，采取形式多样的培养方式，加强本土传统特色产业教育。第二，建立健全的社会保障体系，使传统农村特色产业的传承者能够减轻财务压力，从而能够在传统特色产业的发展上更加投入。第三，定期举办传统特色产业培训大会，不断为传统特色产业继承这个团体注入新的力量，同时，也起到敦促发展模式不断更新的作用。

（三）加大宣传力度，提升产业知名度

在海南自由贸易港建设的大背景下，国内消费者逐渐对海南有了更加深入的认识。因此，传统农村特色产业应该努力抓住这个契机，大力结合产业本身的文化内涵宣传农村特色产业产品。不同区域不同特色，以各个乡村的特色为依据，不断丰富文化内涵，讲好文化故事。一是通过在影响力大的平台里植入文化广告，不断吸引更多的消费者。二是不断加强技术改进，提升乡村特色文化产品质量。产业知名度的提升要建立在高质量基础之上。没有质量做支撑的文化产品，即使知名度高，也不能真正深入消费者从而打开市场。因此，要在提质的基础上提升特色产业知名度。三是可以开展线上线下销售推介会及各种各样的其他活动，并通过利用媒体网络的宣传在短期内打出市场。

（四）创新营销方式，迎合消费趋势

建立线上和线下双重销售渠道，驱动农村特色产品的加工生产，以现代化的销售方式迎合当前消费特点。依托“互联网+”，销售重点的农产品、文化产品加工业。党的十九大提出，建设现代化经济体系，必须把发展经济的着力点放在实体经济上，把提高供给体系质量作为主攻方向，显著增强我国经济质量优势。海南省拥有丰富的自然资源以及优惠的政策，农产品资源丰富，农产品加工业以及文化产品产业拥有巨大的发展潜力。目前，应该着力构建多元加工、多元销售的发展格局。不断壮大海南乡村特色产业发展基础，提升乡村产业整体竞争力，推动海南省乡村产业经济健康平稳发展。

第二章　乡村休闲旅游业模式

休闲旅游助力乡村振兴的价值及实现路径在我国经济飞速发展的大环境下，人们的生活相比以往有了极大的改善，可自由支配的资金逐渐增多，旅游业也因此蓬勃发展起来。乡村拥有着城市无可比拟的自然环境，美丽的山水是大自然赐予乡村天然的旅游资源。发展好乡村旅游，不仅可以为村民提供一定的工作岗位，而且能带动饮食、娱乐等行业发展，让生活在乡村的人们不必背井离乡便能获得一份满意的收入。

第一节　乡村休闲旅游

一、休闲旅游概述

休闲旅游从字面上讲即休闲类旅游，是旅游类型的一种。与观赏性旅游不同，休闲旅游是指以旅游资源为依托，以休闲为主要目的，以旅游设施为条件，以特定的文化景观和服务项目为内容，为离开定居地而到异地逗留游览、娱乐、观光和休息。这种旅游方式能满足游客丰富自身精神文化的需求。与普通旅游最重要的不同点是休闲旅游消费额相对较高，在同一地方的逗留时间较长。其中，户外的体育运动（如漂流、登山、滑雪等）是较受欢迎的休闲旅游项目。

二、乡村振兴战略提出的背景与意义

目前，我国发展不平衡不充分问题在乡村最为突出，多数乡村日益凋敝，城乡二元制结构尚未完全破除，城乡发展差距依然较大，乡村地区人口流失问题依然严峻，农产品供需结构、农业供给质量、农村基础设施、农村环境等各个方面都需要改善。而实施乡村振兴战略是解决这些问题、实现全体人民共同富裕的必然要求。

中央制定实施乡村振兴战略，是要从根本上解决目前我国农业不发达、农村不兴旺、农民不富裕的“三农”问题。实施乡村振兴战略，是重构中国乡土文化的重大举措，是弘扬中华优秀传统文化的重大战略。另外，乡村振兴战略就是要使农业大发展、粮食大丰收，从根本上解决中国粮食安全问题，把中国人的饭碗牢牢端在自己手中。

三、休闲旅游助力乡村振兴的价值

促进乡村发展，让所有生活在乡村的人们都过上富裕的生活是我国一直以来的发展目标，同时，促进乡村发展有助于缩小城乡差距，保障地区之间发展的平衡性。发展乡村休闲旅游正是实现这一目标的重要手段之一。

发展乡村休闲旅游，可以增加当地村民的收入，还可以为地区增加工作岗位，丰富当地人们的生活。例如，云南省部分乡村开展具有民族特色的活动，如骑马、射弓箭、篝火晚会等，吸引了大量外地人员前来游玩消费，当地乡村的收入因此得到了显著提高，劳动力也有所回流，使当地村民不需要到遥远的大城市打工便能走向富裕之路。此外，丰富的休闲旅游活动不仅丰富了当地村民的精神生活，而且增强了当地村民的身体素质，有助于移风易俗的推进。从当地村民自我治理的角度来看，开展丰富的休闲旅游活动能增强当地村民的积极性、创造性、主动性，将当地村民凝聚起来，促进当地社会繁荣发展与和谐安定。

四、休闲旅游助力乡村振兴的路径

发展乡村休闲旅游是升级乡村产业、丰富乡村生活、促进乡村经济发展、实现乡村振兴的重要手段之一。为发展好乡村休闲旅游，需注重从以下几个方面加强实践。

（一）探寻适合当地的产业

休闲旅游发展方式多种多样，乡村应充分考虑自身情况，将当地的自然山水与民风文化相结合，探寻符合自身特点的旅游项目。例如，部分乡村在当地开展长跑比赛活动，然而当地长期以来都保持着较慢的生活节奏，又限于自然条件的影响，使得长跑比赛这项本来广为人们所接受、热爱的活动在当地难以展开。由此可见，旅游项目的开发应充分与当地的现实情况相结合，在一线或二线城市周围的乡村可以开发较为轻松、不需要花费很多时间的旅游项目，让大都市的市民既能享受到旅游带来的乐趣，还能在旅游中强健身体。在一些历史悠久的城市周围，乡村可以结合自身的文化优势，发展自己的特色旅游，以独特的乡村风俗吸引游客。

（二）推出利好政策，利用好各项资源

乡村振兴是一个十分庞大的工程，推出利好政策、利用好各项资源，让休闲旅游成为乡村发展的动力是十分重要的。最近几年，我国在休闲旅游方面不断出台政策，使这一市场逐渐变得更加成熟。但是，来自上游政策的支持毕竟是有限的，最终还要依靠当地政府来执行。

而地方政府人力、物力有限，使得地方政府的压力巨大。基于此，当地政府应从财政、土地资源、税金等多个维度创造有利的建设环境。第一，当地政府应设立专项资金用以扶持乡村休闲旅游发展。应批准县级政府在不变更资金用途的前提下，将一部分扶贫资金按照市场规则折成股份，与其他收入一起投入乡村旅游产业中，为发展旅游业、振兴乡村注入活力。与此同时，应支持民间资本对乡村旅游业的投入，支持地方与民用企业共同开发旅游项目，如共同开发攀岩、爬山、划船等游乐项目。另外，积极推出乡村土地使用的新政策，充分结合当地情况为乡村休闲旅游的土地使用做好政策保障，最大限度地发挥乡村土地的价值。第二，要为优质的项目和企业推出一定幅度的税收优惠政策，如可以对部分企业减免一部分水费、电费、燃气费等费用，对于一些适合当地发展的优质企业免除一定期限的企业所得税，以此来吸引和支持优质企业在当地发展，促进乡村更好地发展。

（三）培育专业人才和企业

具有相关专业素养的人才与企业可为乡村发展提供有力的技术支撑，是乡村发展最根本的动力之一。由于休闲旅游在我国属于一种较新的旅游方式，特别是在乡村这一板块缺少经验支持，企业与高等院

校缺少参与积极性，对休闲旅游推动乡村发展的认识还不够充分，导致我国在这一行业的人才培养方面出现短板，制约着这一行业的发展。造成这种现象的主要原因是我国从事休闲旅游行业的工作人员大多是非专业人才，上岗前仅经历过短期培训，没有专业的组织机构对相关从业人员进行培训，开设休闲旅游相关专业的高校相对较少，经验丰富的教师缺乏等问题进一步限制了休闲旅游相关专业人才的培养。所以，培养专业的人才是目前急需解决的问题，当地政府可以成立相关的组织机构，定期对从事休闲旅游的工作人员进行职业技能培训，介绍国内外的成功案例，拓宽从业人员的眼界，丰富从业人员的相关知识，打造一批具备经营知识、管理知识、规划知识的专业人才团队。与此同时，当地政府应注意本地村民的参与，这不仅可以为本地村民提供一定的就业岗位，还能利用本地村民对当地环境的了解为休闲旅游助力乡村振兴提供经验支持。高校也应出台相关政策，支持学生学习相关专业，加强人才培养，还可以在乡村设立培训平台，为乡村休闲旅游发展提供可靠的人才支撑，进一步推动乡村发展。

（四）开发时尚旅游项目

随着乡村的不断发展，乡村休闲旅游市场越来越广阔。与传统旅游项目相比，休闲旅游的回报率十分高，特别是休闲体育旅游项目具有投资门槛低、周期短等特点。然而，在实际建设中因为不合理的规划导致成本上升，相似的旅游项目降低了游客的体验性。部分乡村开发休闲旅游只是停留在表面，项目开发和基础建设严重不足，仅依靠低廉的价格来吸引游客，严重制约了休闲旅游的发展，当地乡村的形象也因此受到影响。虽然休闲旅游对基础设施的建设要求较高，但是回报率高、参与性强，还可以带动诸如饮食、娱乐等其他行业发展，成为乡村的名片。基于此，开发乡村休闲旅游时，应注重考虑实际需求，开发更为时尚新颖的旅游项目，以满足年轻游客的需求。例如，可以开发登山、攀岩、漂流、滑草等各种运动性旅游项目，为乡村吸引人气，提升乡村的影响力，提高村民收入水平。此外，各项游玩活动的设计应以展示当地文化特色为主要目的，充分加入当地的民俗风情、历史文化、自然风光等，开发具有当地特色的旅游项目。例如，可以开展乡村日常的民俗活动，介绍乡村建设成果，让游客与当地村民充分互动，增强游客对当地乡村的印象，提高当地村民的自信。

第二节　休闲旅游转型升级

一、旅游发展理念升级

过去的乡村旅游集中在农家旅馆和农家乐，主要以偏远的景区为动力带动附近的乡村旅游，旅游消费仅仅是在农家乐吃饭，在农家旅店住宿，简单地进行乡村观光旅游。而真正的乡村旅游强调的是乡村生态环境，是一种生活方式，是和城市中快节奏、身心疲惫的生活方式截然相反的生活，乡村旅游强调的正是这种悠然自在的日子，因此，乡村旅游项目在开发的时候就应该贯彻慢节奏、自然、休闲度假等理念。例如，莲麻村作为广州从化五大美丽乡村群之一，过去是有名的贫困村，居住环境差、基础设施落后，经济条件薄弱，自从成为美丽乡村的“试验田”，莲麻村改头换面，荣获国家级的美丽宜居村庄、环境整治示范村和文明村等称号。政府大力发展生态休闲旅游业的政府主导战略，将莲麻村建设成了一个“宜居宜业宜游宜养”的现代型美丽乡村。

二、旅游产品升级

传统乡村旅游的产品和服务已经不能满足旅游者的需求，因此，乡村旅游管理者要保持创新意识，积极融合新技术，升级乡村旅游产品，贯彻“绿水青山就是金山银山”的理念进行旅游规划与开发。开发新业态类型产品，挖掘当地的乡村旅游历史文化、民风民俗、民族文化、农业文化等，进行一定的解析、提炼和升华，创意开发乡村旅游产品。例如，打造国家农业基地、乡村庄园、民宿群落等新型旅游产品，使旅游者在享受田园风光的同时，学习和体验当地的历史文化。同时，邀请民间艺术家进行定居、经营旅游项目等方式传播当地民风民俗和艺术，实现乡村旅游由农家乐、采摘基地向乡村休闲度假的跨越。丰富乡村旅游产品。让民宿不仅是民宿，同时，提供游玩路线、美食推荐、多款正餐选择、电影放映、摄影活动等，不再单一地提供住和吃；而是通过食、住、行、游、购、娱等多个方面提供旅游产品，进而转向商、养、学、闲、情、奇的综合性旅游产品。以莲麻村为例，有着流溪河水源头文化、红色历史文化、莲麻头酒文化等底蕴，打造了流溪河北源头、千年古官道、农家乐生活体验中心区、黄沙坑西片生态农业观光区，有葡萄沟、百花园、七彩花田、农事体验园、花季花海活动和绿道骑行等一系列的旅游体验项目。民宿旅游产品也增加烧烤、火锅、烤羊、自助等不同的餐饮；同时，提供各种旅游产品体验，例如，电影放映、棋牌桌游、绘画课程、土布、摄影等众多类型的娱乐项目丰富旅游产品。

三、旅游产业产品结构升级

旅游产品结构不合理，究其深层次原因则在于产业的技术结构水平低下。大多数的乡村旅游基本是低技术水平上的扩张，产业技术结构发展面临停滞不前等问题。产业产品结构的升级要求目的地有效集合创新资源，建立合作研发平台，使产业内的各方成员能够较容易地享用到知识、技术等战略制胜关键要素。一方面，通过产业融合，即利用当地的其他产业，例如农业、体育休闲、会展、教育等具有特色的产业同乡村旅游产业进行融合发展，以促进当地的乡村旅游产业结构的优化。同时，要推动乡村旅游产业创新，根据市场需求发展乡村旅游产业新业态，形成集农业产业化发展、农产品深加工、乡村文化产业、休闲农业、乡村度假于一体的多产业联动发展。另一方面，对乡村旅游产业组成要素内部的优化升级。大量的乡村旅游仍停留在观光农业阶段，“吃”是乡村旅游供给中的重要部门，尤其是“娱”的比例和种类都相对较少，且档次处于中下等，因此，在产业升级的过程中，要提升“吃”“娱”“购”“行”的产品质量和产品种类，以达到可以让游客长期停留或者多次游玩的目的，并且增加康养、健身、养生、户外等乡村旅游娱乐项目。

四、旅游服务升级

休闲度假的旅游项目对服务业的要求更高，包括旅游服务人员的服务水平和素质，服务意识和相关的专业技能都需要进一步的提高，要想顺利完成乡村旅游的升级转型，必须对从业人员进行定期的培训和加强管理，提高其服务意识和服务水平，提升管理人员的经营能力。坐落于莲麻村村口侧的旅游信息咨询中心是莲麻村近段时间新增设的一个旅游配套设施。在咨询中心内，包装精致的莲麻土特产摆放在显眼处，几位年轻的解说员正为游客介绍莲麻的历史以及景点信息。"我们这里不仅有解说员，还有两名导游，负责与外地旅行团进行交接，提供最地道的旅游服务体验。"咨询中心的解说员佩佩说。佩佩是莲麻村本地人，每逢有游客前来咨询，她都以饱满的热情向游客介绍莲麻的情况，她经常说："能够向游客介绍自己的家，是很值得高兴的事情。"由此可见，莲麻村非常注重旅游服务质量，也通过各项旅游基础设施和硬件软件提升来完成旅游服务升级。

五、政府行为升级

首先，乡村旅游发展要有科学的规划，需要注意空间布局问题，哪些地方可以开发，哪些地方不能开发需要保护。其次，根据市场需求开放式旅游产品，防止出现供不应求或者供过于求的现象。而且，乡村旅游处在一个自然的生态系统中，出于对生态环境的保护，要在规划的过程中确定最大环境容量，确认不会因为游客过多造成环境和生态的破坏。另外，法律法规和行业协会的作用也同样重要，广州市从化区就成立了从化区溪流人家民宿协会，并且制定了《从化区吕田镇莲麻村民宿管理指引》，对民宿的基本要求、监督管理作出了明确的要求。同时，需要出台相应的法律法规对资源开发利用、生态环境保护管理体制等进行规范，建立健全生态补偿机制，合理配置新农村建设资金。

六、市场营销的转型升级

大广高速的开通为莲麻村成为特色小镇带来了新的机遇，优质休闲的景观特色吸引了众多游客。首先，从市场营销定位上说，莲麻村将未来的乡村旅游客源市场定于全国甚至国际游客市场。度假产品是乡村旅游产品中的高端系列，凭借广州的国际市场影响，可加大对乡村旅游度假市场的开发与宣传，通过建设和营销使之成为国际旅游产品。其次，针对休闲游客的社会属性、偏好、年龄、行为等方面的特征对乡村旅游市场进行细分，进行精细化运营和营销。同时，在互联网时代，结合线上和线下营销，充分发挥整合营销和网络营销的优势，搭建乡村旅游营销的政府推动平台、信息共享平台、产品互动平台以及形象公诉平台，广泛开展营销活动，形成全方位、多元化的区域联动营销体系。另外，IP 营销成为新时代的火爆营销方式，许多乡村旅游的民宿都通过综艺节目来完成营销，例如《爸爸去哪儿》《幸福三重奏》等，抑或是利用影视和综艺作品，借助所拍摄的相关影视综艺作品，大力宣传乡村旅游景区以及当地的人文历史文化、民风民俗等，以吸引大批粉丝以及其他社会人士的关注。

七、人才培养的升级

政府需要高度重视乡村旅游人才的培养、引进以及加强对旅游从业者的教育培训。政府不仅需要主动协助乡村旅游企业培养专业人才，而且应该从社会中引进一些专业的高级旅游管理人才，举办培训班或者引入高等人才，引导乡村旅游企业加强人才队伍建设，培养核心旅游人才，完善培训与管理层次，以促进形成高水平乡村旅游管理人员和服务梯队，为游客提供更加专业的服务。引进艺术家在乡村进行定居，许多县级旅游地都出台相应的法律条文政策，对进行定居艺术家给予一定的补助和帮助，例如莲麻村附近的湖庐民宿就是由广州美术学院的油画系教授胡赤骏先生所属，20 年前，他机缘巧合买下了湖边半岛的一块地，开始了“愚公移山”般的建造过程。这本来是他的私人画室和个人庄园，几年前，胡老师打算把这个“艺术空间”改造成“民宿”。艺术家的加入会使民宿更加融入乡村自然风景的氛围中，同时，可以将当地的民风民俗、当地的文化艺术进行结合，形成新的旅游资源。

八、社区参与升级

社区参与旅游一直是一个热门话题，尤其在乡村旅游的规划与开发中，社区的村民更是不容忽视。鼓励乡村居民开办农场、乡村旅游发展合作社等形式，让村民真正在旅游中获益。并且，社区对乡村旅游社区居民的教育培训也是必不可少的，旅游所带来的经济效应使村民的生活有了明显的提升，因此，下一步需要让村民转变观念。首先，让乡村社区居民认识到他们决定着乡村旅游是否可以得到可持续发展，并为了可持续旅游发展贡献自己的力量。其次，对乡村居民进行旅游知识和技能的培训，定期进行考察，提高他们的知识水平、经营管理水平和服务水平。

第三节　智慧旅游环境下乡村旅游经济发展的创新模式

一、优化乡村旅游服务体系

传统乡村旅游开发是一种扁平式的服务灌输，强调经济效益的增加和旅游产品的销售，对于自身服务体系建设、景区品牌打造与宣传则较为忽视。

这种“竭泽而渔”的做法不仅给游客旅游观光造成了许多困扰，还在很大程度上使乡村旅游发展受限于一时热度，如部分具有较高开发价值的乡村旅游基地一度沦为“网红打卡地”，虽然在短时间内创造了许多经济效益，但随着热度散去，景区陷入无人问津的境地。究其原因，许多乡村旅游基地缺乏科学的、完善的网络服务体系，使得大部分游客仅能根据其他二次渠道接收信息，难以制订合理的旅游规划。这不仅降低了游客的旅游兴趣，还在很大程度上对乡村旅游产业发展造成了不良影响。因此，乡村地区必须结合数字技术，充分搭建智慧旅游运营管理模式，突破传统乡村旅游体系的局限性，打造具有智慧旅游服务功能、智慧旅游宣传渠道的乡村旅游服务体系；通过体系中的智慧交通、城市导览及景区导游等智慧功能，加强游客对乡村旅游情况的实时了解，使其能够提前按照自身意愿制订出游计划。与此同时，针对乡村旅游宣传方面，乡村地区需要遵循现代化智慧服务理念，结合主流媒体与各大新媒体平台渠道进行乡村旅游服务营销，详细宣传当地旅游景点的同时，提高旅游景点的知名度，打造独特的旅游品牌形象，以此吸引更多的游客群体。这种情况下，乡村旅游资源利用效率与乡村旅游服务水平皆可以得到有效提高；游客在智慧乡村旅游中，能够获取更多的旅游乐趣；旅游企业也能够创造更多的经济效益与社会效益，为振兴发展乡村经济奠定坚实基础。

二、加大乡村旅游公共服务平台建设力度

智慧旅游环境下乡村旅游发展的转型与创新，关键在于如何实现业务信息化与服务信息化。为了达到这一目的，乡村地区建设具有完善功能与强大信息整合能力的乡村旅游公共服务平台至关重要。

首先，乡村旅游公共服务平台的构建涉及整个旅游产业链，因此，相关地区需要从顶层设计方面制定平台发展原则与平台信息共享模式，减少信息孤岛情况出现。其次，乡村旅游公共服务平台的打造必须遵循以人为本的原则，以提高游客服务体验与旅游满意度为最终目的，并充分考虑当地居民的合理需求。再次，在建设过程中，乡村地区应该在乡村旅游景区已有的信息技术基础上打造层次清晰的智能平台总框架，大体上可分为基础层、数据层、应用层、服务层和决策层五部分，其中，基础层能够为乡村旅游公共服务平台提供基础保障，具体表现为服务工作的数据资源保护；数据层的服务对象为游客和旅游企业，具体功能包括数据接口服务和平台营销。最后，乡村旅游公共服务平台的建设是一个系统性项目，不仅需要软件支持，还需要加强硬件设施建设，增加对基础设施的投入。通过软件与硬件双重建设，夯实乡村旅游公共服务平台构建基础的同时，也能完善乡村旅游感知体系。软件系统建设应强调特色软件开发设计和系统的无差别安装。乡村旅游公共服务平台的软件系统大致可分为资源保护系统、智能安防系统、行业监管系统三部分，其中，资源保护系统具备对景区地理环境和基础设置的统计功能，是一种空间资源可视化呈现的软件；以此为基础，乡村景区可以加强对自身生态环境的监控，进一步采集景区信息的同时还能监管经营者的开发行为。智能安防系统具备电子门票、应急指挥及车流监控几项功能，具体体现为控制游客数量和管理车辆信息等。

三、引入新能源技术，构建“智慧+绿色”乡村旅游模式

随着社会的不断发展，我国越来越强调经济的绿色发展和低碳出行。绿色建设不仅是现阶段乡村旅游开发建设的一种新型发展模式，还是响应国家号召、落实绿色环保政策的切实举措。智慧旅游环境下的新能源发展，可以说是维护乡村地区生态环境、促进乡村旅游可持续发展的重要条件。因此，乡村地区在进行景区开发建设时，应自发引入新能源技术与相关智能辅助技术，结合新能源优势打造“智慧+绿色”乡村旅游模式。首先，从旅游生产角度来看，景区应以绿色建设为指导，积极引入并切实落实新能源技术，建设低碳旅游项目，并通过外包、采购等方法将项目承包出去，实现资源的合理配置。其次，相关政府部门应通过多种措施引导旅游企业、景区等引入新能源技术，构建“智慧+绿色”乡村旅游模式。例如，在投资方面，地方政府应加强招商引资，通过合理举办宣传教育活动，增强社会各界的绿色发展观念，号召其积极参与到乡村旅游绿色发展当中，并尽可能地加大投资力度，支持乡村旅游绿色发展；在政策方面，地方政府可以制定合理的乡村旅游绿色发展激励政策，如通过税收优惠、财政补贴、降低贷款利率等方式，从各渠道响应国家号召，大力宣传绿色旅游价值，鼓励各旅游企业发展“智慧+绿色”乡村旅游模式，积极应用新能源技术。智慧旅游环境下，“智慧+绿色”乡村旅游模式需要建立长效机制并将其作为保障。

龙岗村：全域旅游背景下的乡村休闲旅游

一、龙岗村旅游发展情况分析

龙岗村芡实大市场位于龙岗村，龙岗村旅游区带来的客流量对芡实鲜果及芡实加工产品销售起了一定的带动销售作用，同时，也带动了周边古镇旅游。地方政府对全域内旅游业进行开发规划、引导资金投入、主导旅游产业运营管理；以龙岗旅游区为核心，推进天长境内美丽乡村建设、特色古镇景点建设；政府打造了芡实产业基地，开发

了农业观光、品尝和购买一条龙服务；举办旅游节，为乡村旅游搭建平台。将特色农产品产业与旅游产业融合发展，借助全域旅游推动，带动全市乡村旅游发展。由于天长市位于南京、扬州 1 小时都市圈内，区位优势明显，生态环境良好，吸引大量城市游客，为城市外溢的游客提供休闲旅游的场所，带动当地农副产品销售，增加了就业岗位，提高了农民收入，推动经济的发展；龙岗村红色旅游发挥历史教育作用，弘扬了民族精神。

龙岗村旅游业发展也存在诸多问题，主要有以下几个方面：一是目前龙岗旅游风景区的旅游资源优势不足，宣传力度不够，导致旅游景点知名度不高。二是公共基础设施及酒店、餐饮休闲娱乐场所建设不足导致景区内可供选择的住宿、餐饮商户较少且接待能力不足、接待水平不高；游客在景区停留一日以上的情况少，相对于停留时间长的景区产生的消费不足。三是乡村个性化、体验式旅游项目短缺。四是旅游产品市场推广不成熟，迄今为止尚未在旅游平台进行旅游线路推广，无法使用互联网进行购票，预定交通、住宿等。五是旅游项目仍偏向于传统的红色景点参观、学习及农家乐、周末休闲游等；同质化问题严重，缺乏新颖、创新的项目，不能完全展现自身的价值和独特性。

通过研究分析可以看出，龙岗村旅游业需要寻找合适的方法和途径来推动高质量发展。为满足旅游者的各种需求，需提升本市旅游服务水平和丰富旅游产品种类，以乡村独特的民俗和文化、生活方式满足旅游者体验、娱乐和回归等需求，将观光产品转型升级为观光、休闲、体验、度假现代旅游产品等。

二、乡村旅游未来发展举措

如何能进一步地发展乡村旅游，并通过全域旅游的方式来实现乡村振兴以达到共同富裕。通过对龙岗村旅游业及其周边村镇旅游业的研究，提出以下乡村旅游未来发展举措。

（一）发展“旅游+”跨界旅游

发展“旅游+”跨界旅游，将旅游业与其他产业相结合，从标准化、单一化转向细分化、多样化，实现“旅游+健康”“旅游+体育”“旅游+文化”等旅游与其他行业的跨界融合，挖掘乡村发展潜力。利用本地区的资源，发展生态农业观光，开发游憩休闲、健康养生、生态、教育等服务，创建特色生态旅游美丽乡村线路，打造乡村生态旅游产业链。

（二）开发针对性乡村旅游项目

开发针对性项目，为中小学生打造学习体验项目，为年轻人提供露营基地，为老年人提供康养服务；支持村民开设乡村民宿，探索家庭农场、乡村田园综合体道路，可以借鉴浙江省安吉县鲁家村“村集体分红+土地流转金+田园综合体劳务工资+村民自主经营收入”的经济模式和“共享厨房”概念。2022 年文化和旅游部等十部门联合印发的《关于促进乡村民宿高质量发展的指导意见》，进一步明确高质量发展乡村民宿。发展乡村民宿要顺应人民群众乡村旅游消费体验新需求，让乡村居民参与经营服务，邀请设计团队对民宿街区进行统一设计规划，同时持续进行民宿宣传。

（三）丰富自身内涵，助力乡村振兴

深挖当地红色文化、农业文化。利用互联网拉长旅游产业链，以“农旅+文旅+商旅”融合为突破，争取实现持续创收。打造集赏自然风光、游乡村野趣、寻红色记忆、观文化艺术、品特色美食、享品质住宿于一体的网红打卡地，吸引更多游客。增加并不断更新文化娱乐活动，增强吸引力并维持其持续性。以婺源篁岭为例，该地每年都有新的文化娱乐活动推向市场。当下旅游业的本质是文化创意产业，而旅游业只是载体。乡村资源门槛不高，这就要求经营者必须有好的思维和理念，不断创新产品。

（四）深耕新媒体平台，助推乡村旅游和产业发展

利用抖音、小红书等平台进行网络宣传推广，加大营销力度并注重持续性；打造旅游一站式信息服务平台，实现预订门票、预订餐饮住宿、在线购买特色农产品、一键导航等一体化。提高当地旅游知名度、便捷度，助推当地及周边村镇旅游业和其他相关产业发展。

（五）加强培训，提升乡村旅游服务水平

产业相关部门定时对从业人员进行全方面培训，提升乡村旅游接待能力、服务水平，创建旅游服务品牌，使旅游产业成为乡村经济发展增长点。

乡村旅游未来发展应当寻找新产业作为切入点，促进旅游业和农业复苏，降低疫情给经济发展和农民增收带来的冲击。通过策划、设计和运营创新活动带动乡村旅游地高质量发展。鼓励青年回乡工作或创业，健全保障机制和奖励机制，吸引青年人为家乡建设、带动村民共同富裕发挥聪明才智。

长安唐村：社会资本助力陕西乡村休闲旅游

一、唐村项目的特点与可资借鉴的经验

（一）从文化复兴与传承开始古村落的价值发现

启动老村修复之前，在街道党工委的指导下，项目方邀请南堡寨村乡贤编撰整理了村史——《堡寨物华忆长安·南堡寨史话》，通过口述史、实地勘踏和查阅史料，系统地将老村人文历史、乡村民俗、农耕礼仪等进行了梳理，以此作为村落修复的文化指南。此外，还建设了村史广场、“二十四孝”主题文化墙，修建了二十四节气文化广场，推动成立了乡村厨师协会、南堡寨乡贤协会等乡村组织，项目区域内的劳动村先后获得省级乡村治理示范村、全国乡村示范村、花园乡村建设等荣誉称号，为唐村项目特色文化 IP 的开发奠定了坚实的基础。

（二）通过文旅产业植入引领乡村产业振兴、生态振兴

依托所在地丰厚的农业资源、生态资源和人文历史资源，项目形成了“一河两区”的产业布局。其中“一河”为滈河十里蛤蟆滩生态农业带，目标是通过对“长安八水”之一的滈河进行生态治理提升，恢复柳青《创业史》中描述的“十里蛤蟆滩”生态水乡胜景，打造集生态保护、生态观光、农业种植、农耕体验、乡村创客、农文

创孵化等于一体的多元化发展模式，带动区域农业产业创新升级。“两区”中的“南堡古寨乡村文旅体验区”以“诗意终南，烟火原乡”为定位，通过对南堡古寨传统农耕村落的活化，打造全国知名的唐诗田园文化和农耕乡愁文化旅游度假目的地。目前形成了集民宿餐饮、休闲娱乐、亲子研学、田园观光、会议培训等功能为一体的乡村旅游体系。“两区”中的“柳青创业史教育实践基地”立足柳青书写《创业史》的皇甫村，目标是打造乡村振兴教育研学地和当代乡村创业孵化器。目前已建成开放柳青纪念公园、柳青故居、柳青文学纪念馆等主题空间，并获评“省级干部教育实践基地”。截至2023年上半年，长安唐村已完成南堡古寨乡村文旅体验区一期、柳青创业史教育实践基地一期的建设运营，与中化农业、中粮、北大荒、陕文投、陕广电、陕旅、西影等50余家农文旅企业建立战略关系，与西安交通大学、陕西师范大学、西安美术学院等20余所高校形成校地合作平台。

（三）通过“三元共建”合作模式实现乡村产业共建共享

2021年，长安唐村的“三元共建乡村命运共同体”荣获拉姆·查兰管理实践奖，并入选《哈佛商业评论》中文版案例库。长安唐村的“三元模式”是指通过在“地方政府、村集体、企业”三方间共建平台，引入优质工商资本与政府、村集体合作，按照市场化方式开展策划规划、投资融资、招商引资、基础建设、生态治理等工作。其中，“农户+村级合作社+公司”的合作模式，实现了村集体资源与工商资本的紧密结合，壮大了集体经济组织，村民获得了除日常农作固定营收之外等多重收益，如固定流转收益、一定比例的分红、合资公司务工、宅基地房产租赁等收益。村民以土地经营权入股村集体合作社，社会资本（天朗集团）与村集体合作社建立合资公司进行项目开发建设及合作经营，盘活村集体资源资产，让村集体、村民与社会资本共同受益。

（四）通过“运营前置”确保乡村旅游项目的可持续发展

大多数“农文旅”项目具有前期资金投入量大、但回收周期长、规划建设容易、盈利难的特点。“运营前置”，就是把前期的策划规划、中期的建设和后期的运营管理同时一体化考虑，运营、策划、设计、建设形成闭环，是文旅产业界为解决前些年“大建设”时期众多高规格建设、无法盈利的文旅项目形成的一项新思路。

具体到唐村项目中，在项目规划动工之前，作为社会资本参与方的天朗首先抽调内部人才高配项目运营团队，这些由不同专业背景组成、实战经验丰富的运营团队结合南堡寨村“进山不离城”的区位优势，深入挖掘当地生态、历史、农耕文化资源，紧扣市场需求确立了项目的特色文化 IP。“农业生态旅游观光与新唐风文旅生活方式体验地”以及“一河两区”的产业模型，并将这一文化 IP 和产业模型贯穿于项目的“村落规划→景观设计→建设施工→招商→运营→营销推广”整个生命周期，确保了项目从规划到运营的每个环节处于同一语境下进行有效、无缝隙的紧密联结。长安区委、区政府通过引入社会资本，一方面，解决了农文旅项目前期建设资金筹措的难题，另一方面，也带来了“运营前置”的产业闭环思维，为该项目在疫情 3 年中的逆势成长奠定了基础。开业以来唐村先后举办大西安农民节、终南梅花春光节、农民丰收节等活动超过 80 余场，接待政务调研、政企参观、学习考察、企业团建等活动 3 000 余批次 200 余万人，2023 年 1~5 月共接待入园 21 万人次，实现营收 1 300 万元。

二、现阶段项目发展的问题与挑战

（一）项目空间规划审批受限

长安唐村作为连片规划的乡村农文旅项目，前期经过深度的调研和多轮的规划研讨，制定了有利于区域长期发展的产业规划目标。在项目实际落地过程中，因为当前乡村旅游领域国土空间规划中存在的审批难、推进慢等因素，对项目后续开发、产业落地、农文旅业态经营、综合配套完善形成制约。目前长安唐村面临着后续产业发展用地不足、休闲观光农业配套用地不足、停车场等综合配套用地未落实等实际困难。

（二）项目土地手续办理滞后

长安唐村项目开发伊始，是在废弃的南堡寨空心村的基础上进行复原修缮，村落原住民已于2003年前后集体搬迁至新村居住，原空心村土地属于农村集体建设用地。现在的问题是村民虽然已经整体搬迁，但是，宅基地批新交旧的手续至今未办理，导致村民因老旧宅基地的赔偿问题没有解决与运营方发生一些矛盾，对项目运营的正常开展带来一定影响。

（三）项目土地确权和融资难

由于目前陕西省农村集体建设用地入市仍未出台相关细则，导致项目在乡村领域的产业开发无法进行像城市那样的报批报建手续，没有正规的报批报建的手续给企业寻求战略合作方带来了诸多的障碍。

更重要的是，由于项目无法办理土地使用权证，企业在乡村区域的投资无法获得确认，导致项目方融资难度很大，银行等金融机构因为产权归属等问题不愿积极放款，很大程度上制约了民营企业投资乡村旅游项目的积极性。同时，由于农文旅项目具有前期建设资金投入大、回收周期长的特点，当前长安唐村项目面临的融资困难导致区域整体规划中的部分产业项目无法落地，项目所属区域内公共设施配套提升工作推进受阻，项目农文旅融合发展过程中的一系列文化、休闲、体验空间无法完成开发和运营，限制了项目长远发展及其带动效应。

三、对策与建议

（一）加速“点状供地”政策全面落地

“点状供地”是解决当前乡村旅游建设用地不足的新型供地模式。传统的“片状供地”模式土地占用量大、容积率低、资金成本过高，“点状供地”则是将农村建设用地的边角料推向市场，具有缓解政府供地紧张、盘活土地再利用、提高投资回报率的优点，能够适应乡村旅游项目设施占地小且分散、资金投入大且回报周期长的特点。另外，现实中社会资本下乡大多与村集体或村民打交道，不可避免地出现抵押融资困难、农户毁约等问题，“点状供地”则将边角料建设用地转为国有建设用地后公开出让，因而所建项目具有产权，避免和村民产生纠纷的问题，确保了项目投资的可靠性。

从各省市政策制定及实施的情况来看，自 2019 年 6 月国务院《关于促进乡村产业振兴的指导意见》文件首次提出：可探索乡村产业的省市县联动“点供”用地后，浙江、四川、广东、海南、重庆等相继推出“点状供地”的实施细则及相关配套政策。上述省市政策基本围绕“三农”领域、乡村振兴、乡村旅游等主题，出台了“点状用地”的实施意见，部分省市的政策还进一步对项目点状用地分类做出指引，在实践中出现了湖州莫干山裸心堡、重庆武隆归原小镇、广州和营天下等乡村旅游项目的成功案例。因此，建议陕西加速推进“点状供地”政策全面落地，借鉴相关省份的成功案例，通过实地调研摸清乡村旅游、现代农业等项目的用地底数和用地缺口，明确点状用地的总体需求，解剖“点状供地”的工作要点、操作流程等；优先研究解决已有乡村旅游项目遇到的用地难题，结合现实问题出台“点状供地”实施细则，对其用途、审批、监管等提供操作指引，促进“点状供地”政策在陕西全面落地，为乡村旅游产业发展注入新动能。

（二）积极推进省级农村产权交易平台建设

农村产权交易平台是乡村土地从“资源→资产→资本”多层次转化的基础性交易平台，也是绿水青山向金山银山转化的重要通道。通过盘活农户土地承包经营权、农村集体经营性资产等资源要素，使其成为价值可衡量、可担保的资产，从而有效提升资本下乡、农村金融服务的广度和深度。2023 年农业农村部等十一部委联合发布的《农村产权流转交易规范化试点工作方案》，将“统筹推进省级信息系统建设”提上日程。

从陕西的情况来看，陕西已基本搭建起以县级产权交易中心为重点、乡镇交易服务站为补充的农村产权交易市场体系，然而现实工作中受制于县、乡级中心交易不活跃、缺乏统一标准、交易品种单一、实际运营与配套服务缺失等问题，农村产权交易平台体系未能有效发挥激活土地要素活力的积极作用。唐村所面临的问题并非孤例，即使其作为全国乡村旅游重点村，也要面临土地手续办理滞后、无法办理土地使用权证及再融资困难等现实问题。因此，建议陕西省加快建设全省统一、市场化运营的省级农村产权交易平台，为社会资本下乡和涉农金融产品创新提供更大市场容量，更加高效便捷、规则明确、标准化的公共配套服务，与现有的县乡级平台共同构成多级联动、互联互通、功能互补的农村产权交易服务体系，吸引更多优质企业放心大胆地投身乡村旅游产业。

（三）坚持“运营前置”思维，推动乡村旅游产业可持续发展

“重建设、轻运营”是大量特色文旅小镇“高开低走”的直接原因，这些项目大多由于市场定位不准确、文旅基础资源薄弱、文化 IP 挖掘不足、运营能力欠缺，导致项目无法盈利、难以持续。针对上述问题，文旅产业界提出了“运营前置”的解决思路。当文旅产业进入“运营为王”的流量时代，运营思路成为旅游项目的顶层设计，而规划建设只是顶层设计后的动作执行。因此“运营前置”的本质是寻求以用户思维和创造思维打造更具品质化、专业化、特色化的文化旅游产品。即在文旅项目开工建设之前，首先应由运营团队进行充分的市场调研和产业模型测算，进而将结果贯穿于项目整个生命周期。其内容具体包括基于当地特色资源优势确定文化 IP，基于消费者行为分析及行业分析进行投资—利润测算，基于投资—利润测算制定项目分期启动策略、资金投入安排、建设体量与产品布局等一系列决策安排。

建议陕西相关部门厘清认识，在乡村旅游产业发展中注重“政府引导与服务+市场开发主体专业化运作”有效结合，引入专业化且有实力的运营、管理与投融资团队，将“运营前置”思维全链路贯穿于旅游项目的“总体规划→景观设计→建设施工→招商→运营→营销推广”，力争为陕西打造更多高质量、可持续的乡村旅游样板。

（四）加强政策引导、支持，持续推动社会资本发展

社会资本参与率低是制约陕西文旅产业高质量发展的重要因素之一。从国内其他省份情况来看，2022 年上半年四川省文化和旅游重点项目完成投资 597.75 亿元，其中，民营资本投资总额占比 64.02%。从国内成功的实践案例来看，社会资本助力乡村旅游涌现了鲁家村、高槐村、林渡暖村等众多典型案例。其中，浙江安吉县鲁家村通过和外部专业的旅游企业合资成立旅游运营公司，间接撬动了 20 多亿元社会投资，2021 年接待游客 60 万人次，旅游收入 6 000 万元，当地村

民基本实现全民就业。四川德阳市高槐村引入专业农文旅公司袈蓝文旅，实现了特色产业的导入和激活，2021 年接待游客 60 万人次，单日游客量最高达 1.2 万人次。这些成功案例的共同之处在于：地方政府、村集体、社会资本三方各司其职，各自发挥专业能力，凝聚各方资源，在不剥离乡村的生产、生活功能的情况下，用特色吸引客流，实现了一二三产业融合发展。

建议陕西各级政府在日常工作中，有意识地将具有专业运营实力的民营资本吸引到乡村文旅产业发展中来，一方面，解决乡村文旅项目前期庞大的资金需求问题，另一方面，为项目的可持续发展提供运营保障。对类似长安唐村这样的“三元共建”助力乡村振兴的典型案例，通过完善政策配套服务、加大投融资支持力度、发放政策奖补资金等予以支持，将其打造成国家级乡村振兴样板。通过发挥典型示范带动作用，激励更多社会资本投身乡村旅游，补齐陕西乡村文旅产业社会资本参与率低的短板，助力乡村文旅产业高质量发展。

邹城市：黄河文化大集与乡村旅游融合发展

一、邹城市黄河文化大集与乡村旅游融合发展现状

（一）黄河文化资源的挖掘和利用情况

黄河文化遗产保护区的建立，实现了区域内文化遗产的有效保护和管理。以黄河国家文化公园为统领的黄河文化景观体系，成为文旅融合发展的重要抓手。邹城市为积极融入沿黄文化体验廊道，一方面，积极挖掘研究黄河文化资源，从理论层面探讨黄河文化基因传承之道。如《仰黄河之源彰孟子之道续文化之脉——邹城市在优秀传统文化“两创”中弘扬黄河精神典型案例》《黄河文化高质量发展下的邹城市公共服务创新发展研究》在山东省“黄河流域生态保护和高质量发展研究”群文理论论坛征文比赛中分别获一、二等奖。在“讲好山东黄河故事守护齐鲁文化根脉”主题征文暨短视频征集大赛中，《秋韵尽染黄河口》《上九山村，石头院落里魂牵梦绕的乡愁》分别

获征文类一等奖、优秀奖。孟庙孟府、上九山村、泉山沟村成功入选黄河生态旅游主题线路。另一方面，策划组织系列主题活动，从实践角度探索黄河文化弘扬之路。先后开展的“黄河大集理论·文化惠民”系列活动新闻发布会、“黄河大集·‘邹’进万家”“黄河大集·幸福进万家”志愿服务等主题活动，实现了特色文旅产品、乡村旅游线路、文化惠民展演、非遗特色文化等多种文旅元素的集结整合，推进了黄河文化的创造性转化和创新性发展，拓展了乡村旅游市场空间。

（二）黄河文化大集与乡村旅游产品创新

黄河文化大集与乡村旅游产品创新相互促进，相辅而行。黄河文化大集为乡村旅游产品创新提供了更多的文化资源和市场机会；乡村旅游产品创新为黄河文化大集提供了更多的旅游吸引力和经济效益。邹城市郭里镇在举办黄河文化大集期间，将伏羲祭祀、民俗表演、产品展销、惠民展演、赛诗会等多种文化活动及乡村旅游产品进行组合，彰显出黄河文化大集地域特色，延展了乡村旅游发展空间。

田黄镇的“红色研学游、科普研学游、乡村生态研学游、文化研学游”等研学线路产品，将田黄镇域内的十八盘党性教育基地、小山战斗纪念碑、中国传统村落杨峪村等文旅产业串联起来，实现了黄河文化大集与乡村旅游产品创新的互促互进。

（三）黄河文化大集与乡村旅游产业的联动

黄河文化大集和乡村旅游产业之间积极联动，相互促进。春节期间的黄河文化大集中，新春汇演、书画送福、政策宣传、产品展销、媒体聚焦等各行各业汇聚于此，共同构建起一个寻味乡土年俗、共话黄河文化的综合场域，文化旅游相关各产业之间在黄河文化大集上实现联动互通。“乡村好时节·乐享民俗季”文化主题活动，将文艺演出、民俗记忆、非遗展演、农产品展销、乡村旅游线路推介等关联行业有机整合，吸引基层群众沉浸式广泛参与，推进了黄河文化大集与乡村旅游产业之间的融合发展。黄河文化大集上的“流动博物馆”，将精品文物以流动展板和数字媒体展示的形式呈现在群众家门口，用“文物说话”的生动形式，讲好“黄河故事”邹城篇章。

（四）黄河文化大集与乡村旅游经济的可持续发展

黄河文化大集通过展示当地的文化底蕴和特色，提高游客对当地文化的认识和认同，从而促进文化的保护和传承。乡村旅游经济通过发展生态旅游、农业旅游等形式，保护当地的生态环境和农业资源，从而实现经济、社会和环境的可持续发展。以“黄河大集·‘邹’进万家”2023“诗画邹鲁”春游季主题活动为例，活动现场发布了“山东手造·邹鲁尚品”非遗工坊春季展销、“寻乡愁记忆品家乡味道”农产品产销推介、“赶‘黄河大集’·赏上九樱花”春游等16项主题活动，推介了“传统文化之旅”“欢乐乡村之旅”“赏花采摘之旅”等6条春游季精品旅游路线，初步探得黄河文化大集与乡村旅游经济可持续发展的融合之道。

通过非遗产品展销、特色农产品推介、旅游线路推介等活动，对文化旅游资源进行有机整合，满足了群众多元化的文旅需求，提高了黄河文化资源与乡村旅游资源的利用率，实现了文化浸润的社会效益和乡村旅游发展经济效益。黄河文化大集与乡村旅游经济间的联动合作，在促进文旅产业发展的同时，还可实现经济、社会和环境的可持续发展。

二、黄河文化大集与乡村旅游融合发展的意义

黄河文化大集不仅可以展示沿黄地区的文化底蕴和特色，提高当地的知名度和美誉度，还能够进一步促进乡村旅游产业和区域经济发展，对于乡村振兴和传统文化“两创”具有积极意义。

（一）满足人民群众对美好生活的向往

随着经济社会的发展，人民群众对精神文化生活的需求越来越趋向多元化、品质化。黄河文化作为中华优秀传统文化的重要组成部分，是中华民族的精神根源，传承弘扬黄河文化中的优秀文化基因，能够进一步增强中华民族的文化自信、铸牢中华民族共同体意识。黄河文化大集与乡村旅游融合发展，是把文化底蕴与乡土情怀结合在一起，满足人民群众对美好生活的向往。以“文化先行、旅游推进、好品带货、网络传播”为内容的黄河文化大集，是精神文化生活中的一

种娱乐、一种享受、一种记忆，也是经济繁荣的“金窝银窝”。通过“线下大集+线上带货”的宣传推介方式，黄河文化大集将优质文旅产品、优质农特产品直接下沉到农户面前，结合各种补贴优惠政策，助力农民消费需求升级、农民收入增加，助推人民群众美好生活品质升级。

（二）激活文化旅游消费市场活力

按照“省市联动、沿黄举办、点面结合、散点布局”原则有效整合各类资源的黄河文化大集，集“好客”与“好品”于一体，在文旅市场的供需双方之间搭建起平台与纽带，将统筹推进区域城乡协调发展、全面落实黄河重大国家战略、深入打造乡村振兴齐鲁样板这三项举足轻重的工作紧密串联在一起，催生出了许多像“黄河大集·‘邹’进万家”这样既有黄河文化共性，又具地域特色的文旅新品牌、新业态。黄河大集一个季节一个主题，包括隆冬季“年货大集”、暖春季“春游大集”、盛夏季“手造大集”、秋收季“丰收大集”在内的系列主题活动，让黄河大集一年四季皆有卖点，成为提振文旅消费的原动力和稳定农民收入的“增长极”，为黄河流域高质量发展注入源源不断的发展动能。

（三）推动优秀传统文化创造性转化为创新性发展

黄河文化要不断传承创新、持续滋养当下，方能超越时间、地域的藩篱，尽展历久弥新的生命力。通过黄河文化大集和乡村旅游相结合的方式，更多基层群众、往来游客能够近距离了解、接地气感受、全方位参与，黄河文化等系列优秀传统文化基因在黄河文化大集与乡村旅游的现场就能得到传承和弘扬。黄河文化大集与乡村旅游融合发展，既汇集“山东手造、山东智造”等优质产品，又兼具好看、好吃、好玩、好参与等各种元素，将传统文化和当代旅游业结合在一起，有助于保护和传承黄河文化，推动特色文旅品牌打造，推动文旅产业及相关文创产品创新，为地方经济社会可持续发展奠定良好发展基础。

三、黄河文化大集与乡村旅游融合发展路径

黄河文化资源丰富，乡村旅游市场发展潜力巨大。新时期，探索

黄河文化大集与乡村旅游融合发展，正在成为把握黄河流域生态保护和高质量发展历史机遇、增强乡村旅游核心竞争力、传承弘扬优秀传统文化的必由之路。

（一）整合资源，激发文旅市场潜力

当前，文化的最大优势在内容，旅游的最大优势在市场。深入挖掘黄河文化内涵，整合文旅资源，以黄河文化做内容体验、以乡村旅游做市场营销、以数字信息做坚实支撑，把黄河文化全面融入乡村旅游各要素，生动全面地形塑和展现具有深厚黄河文化底蕴的秀美乡景、悠淳乡风、浓郁乡情，不断满足游客多样化的需求，能够充分激发文旅市场发展潜力。将黄河文化大集作为乡村旅游线路的重要节点，能够吸引更多的游客前来参观和体验，为乡村旅游产品提供更广阔的客源市场。黄河文化大集自带的多链条媒体途径，在宣传黄河文化大集本身的同时，将乡村旅游产品及其创新一并进行推介，为当地商贸、科技等领域带来更广阔的发展空间。相关的农家乐、采摘园、生态农庄等乡村旅游线路，能够让游客体验农耕文化，感受自然之美；相关主题的民宿、餐饮、手工艺品等旅游文创产品的开发，以及新旅游线路的开发、新旅游项目的推出，能够让游客在更好地了解黄河文化的同时，带动促进乡村旅游经济收入的提升，充分释放文旅消费市场潜力。

（二）突出特色，笃行传统文化“两创”

文旅消费需求随时代升级，乡村旅游创新永无止境。只有不断地深入挖掘黄河文化内涵，结合沿黄地区各自地域文化特色，不断创新黄河文化传承利用表达形式和表达方式，才能更好地满足群众对美好生活的向往，赋予群众新体验，获得更为蓬勃的生命力。黄河文化大集是集文化、旅游、商贸、休闲、娱乐为一体的综合性活动，其本身就是一种乡村旅游资源，能够辐射吸引大量游客前来参与，为乡村旅游产业提供更多文化资源和旅游产品。在线下，依托群众基础好、现实影响大、辐射能力强的沿黄传统乡村大集，立足资源优势，结合优秀传统文化节日，策划各类惠民利民项目和特色活动，切实推出一批实实在在的惠民新举措，助力提升人民群众的获得感和幸福感。在线

上整合发动各类媒体宣传、推介、带货资源，集中展示相关主题活动及产品线路，持续扩大宣传推介传播范围，促进经济社会高质量发展。

（三）注重惠民，拓展文旅公共服务范围

在文旅融合发展大背景下，无论是黄河文化的传承弘扬，还是乡村旅游的发展，其宗旨都是为了更好地满足人民群众的精神文化需求和对美好生活的向往。从这个层面来说，黄河文化大集与乡村旅游融合发展，更应该注重惠民利民。围绕黄河文化大集与乡村旅游融合发展主题，要加强文旅公共服务设施建设，丰富文旅服务载体，拓展文旅服务空间，完善文旅服务体系，深入推进文旅惠民工程，举办各类文旅惠民活动，让人民群众共享文旅服务发展成果；要结合本地特色文化与乡村旅游资源，形成本地区体验赏花浪漫、陶醉乡村盛景、品尝乡村特色、回味乡村记忆的特色黄河大集品牌，实现文化旅游扮靓乡村、文旅产业赋能乡村振兴。

（四）数字赋能，释放文旅融合新动能

顺应数字化、智能化、融合化发展趋势，整合“新媒体线上传播+全媒体线下体验”等资源，通过黄河文化大集相关主题活动，将特色乡村旅游元素贯穿全程，展示丰富的人文历史、民俗风情和文化内涵，持续释放文旅融合新动能。

充分发挥传统媒体与新媒体矩阵优势，开设专栏集纳发布相关信息，宣传报道各类线上线下活动，推介最新动态、活动亮点、优质产品、特色美食等，助力打造黄河文化大集特色品牌。按照节庆和时节，以海报、图文、短视频等形式，多角度、全方位展现相关农产品和乡村旅游活动，打造传播热点，加强线上直播、线下展播，不断扩大黄河文化大集品牌传播影响力。

第三章　乡村特色产业融合带动脱贫案例模式

第一节　脱贫地区乡村特色产业的概念界定

关于乡村特色产业的概念现有文献缺乏一致统一的界定。2019 年 2 月 19 日，中央一号文件《中共中央、国务院关于坚持农业农村优先发展做好“三农”工作的若干意见》颁布，文件第四部分第一条强调加快发展乡村特色产业，并就因地制宜发展多样性特色农业给出了指导意见，如倡导“一村一品”“一县一业”，支持建设一批特色农产品优势区，创造一批“土字号”“乡字号”特色产品品牌。

2020 年 7 月 16 日，农业农村部印发了《全国乡村产业发展规划（2020—2025 年）》，文件第四章对拓展乡村特色产业作出了部署与设计，并指出乡村特色产业是乡村产业的重要组成部分，是地域特征鲜明、乡土气息浓厚的小众类、多样性的乡村产业，涵盖特色种养、特色食品、特色手工业和特色文化等。

根据政府相关文件关于乡村特色产业的论述，我们认为乡村特色产业是指以当地农业农村人力、土地、自然、文化环境等特有的生产要素为支撑，由村民创建或以村民为创立主体，最终产出具有鲜明地域特征、浓厚乡土气息、独特品质、较大开发价值、多样化类型和小众消费的产业，它具有地域性、优势性、开放性等特征，产业类型包括特色种养、特色加工、特色食品、特色制造、特色手工、特色休闲旅游等。

脱贫地区是指曾经享受精准扶贫政策帮扶的地区，即经过精准扶贫与脱贫攻坚战，于 2020 年末以前按现行标准（收入达标，两不愁三保障）出列的贫困村或摘帽的贫困县，地区范围视具体研究对象而定。脱贫地区是指研究的对象省份所辖的区县，该地区的乡村特色产业是指符合上述乡村特色产业定义和类型归属的产业。

第二节　脱贫地区特色产业发展存在的问题

乡村特色产业的发展一般存在如下5个方面的问题。

一、缺少王牌产业，带动效益有待提高

虽然各区县都在着力发展自身产业，推动“一村一品”项目实施，但真正能够形成王牌产业，且能向村镇外辐射进而形成产业基地的产业较少，其带动农户增收的效益有待进一步提高。

二、乡村特色产业的龙头企业数量少

多数区县村镇的产业发展选择“企业+村集体+农户”的龙头带动模式，但龙头企业数量少，其投资带动作用迟缓，带动乡村特色产业发展力度不足。

三、相关产业融合度不高

乡村特色产业的发展不仅是自身主体产业的发展，更是多产业的协调发展和各产业融合发展。产业发展的融合度不高导致自身主体产业的发展出现瓶颈，受制于其他产业的发展，如农业种植业与电商产业、服务业、金融业的链接不强，而使其发展受阻，农产品的价值不高，减缓了乡村特色产业的发展进程。

四、乡村基础设施保护管理不完善，管理、维护及建设存在短板

乡村基础设施的建设是乡村产业发展的重要因素，为产业发展提供了支撑。从基础设施硬件来看，基于脱贫攻坚战中的“村村通”及“户户通”、生活娱乐等相关政策，乡村道路、休闲广场等硬件设施建设成效显著。但是，现有乡村硬件设施的管护存在问题，一些村民对既有设施缺少爱护意识，一些乡村的设施经多年使用后出现了老化。这些情况说明脱贫地区有些乡村对基础设施的保护与管理未予重视，缺乏有效的管理机制与措施。从软件基础设施看，有关网络基站、电商平台、金融服务、科技服务、人才培训等基础设施建设未予以重

视，发展迟缓。

五、乡村特色产业发展存在区域不平衡

各区县因受当地经济发展水平、自然环境、金融服务水平、教育医疗条件、民俗民风等的影响，特色产业存在区域不平衡发展现象。

第三节　脱贫地区特色产业发展存在的问题成因剖析与应对策略

一、脱贫地区特色产业发展存在问题的成因剖析

产生问题的根源如下。一是有些区县不同乡村的特色产业具有趋同性，缺乏市场竞争力，产业带动效益不显著，对农户和村集体经济的带动作用不强，进而降低了农户发展产业的信心。二是龙头企业缺乏人才。越来越多的年轻人倾向于在城市发展，不愿留在乡村助力乡村产业发展。另外，留在乡村的年轻人，大多缺少产业发展的相关知识、技能与创业经验，导致自身创业的本土企业少。三是脱贫期间特色产业的发展更多的是基于政策扶持，“一村一品”并没有更多地考虑相关产业的协同发展。四是软件基础设施建设存在短板很大程度上与当时脱贫攻坚的“收入达标、两不愁三保障”目标设置有关，这一短板无疑对乡村振兴尤其是产业兴旺带来不利影响。五是各区县特色产业发展不同时、不同步，一时难以协调发展，导致差距越来越大，致使较落后地区乡村产业的发展越来越落后。

二、脱贫地区乡村特色产业发展对策

针对脱贫地区乡村特色产业发展存在的问题及成因，结合特色产业发展较好地区的经验，本部分给出乡村特色产业发展壮大的途径与措施。

（一）着力打造王牌产业，将“一村一品”真正做大

针对缺少王牌产业，带动效益不高的问题，脱贫地区可沿着打造

王牌产业，做大做强“一村一品”的途径发展产业。首先，脱贫地区应因地制宜地进行谋划，优选和打造自身王牌产业，提升产业知名度，抢占更多的市场份额，真正做大、做强。其次，在产业融合的背景下，基于“一村一品”的既有发展基础，优化特色产业结构，重视特色产业链协同发展。将服务业与旅游业融合，将种植业与加工业融合，延伸产业链以产生更大的经济效益，并借此激发脱贫地区农户发展特色产业的活力与动力，逐步形成特色产业基地。

（二）政策助力企业发展，培育更多龙头企业

针对乡村特色产业的龙头企业数量少的问题，脱贫地区可通过政策支持，培育和扶持更多的龙头企业。

首先，在乡镇村层级布局形成微产业集群，即在发展各户微产业的同时，规划布局上中下游微产业集群，为龙头企业创建奠定产业基础。其次，在区县层级关心、关照、支持好本土企业。相关部门应发挥统筹协调作用，即着力于引导外流人才回乡创业，又对辖属相邻不同村镇的特色产业进行整合，构建区域性特色产业，形成规模效应，为龙头企业发展解决好人才问题和发展规模问题。最后，内部培养培训产业技能人员，外部联合接轨。通过内部培养培训，使更多农户拥有产业技能。通过走出去与外界接轨，学习与实践先进技术、知识和思想，拓宽产业发展思路和途径，为龙头企业发展提供人力支撑，为产业兴旺注入内生动力。

（三）规范一三产业，数字赋能促进融合发展

针对相关产业融合度不高的问题，脱贫地区特色产业可通过规范化、产业化途径进行解决。脱贫地区产业多集中于农业和旅游业，农业和旅游业分别属于第一产业和第三产业，要对农业、旅游业等相关行业规范化、产业化，使其成为产业融合的基础。产业化是对已有资源进行归整和完善，通过构建标准化体系，家庭小作坊转变为村镇乃至区域性标准化产业。

与此同时，在数字经济的背景下，应重视数字赋能乡村特色产业，通过电商、农业咨询服务、人才培训、金融服务等数字水平的提升挖掘产业潜力，促进产业融合发展。

（四）补齐基础设施短板，助力产业发展

针对乡村基础设施问题，应从硬软件两个方面发力，一方面，有效保护与管理既有的硬件设施，另一方面，应加大软件设施的建设力度。具体而言，针对既有硬件设施构建保护与管理构建机制，明确责任主体及相邻村镇硬件设施管理边界，同时，制定有效保护与管理的内容、责任与措施。对于软件基础设施，因为相关设施建设涉及跨部门、跨乡镇的协调沟通，故区县层面应统筹规划，根据网络基站、电商平台、金融服务、科技服务、人才培训等项目的建设特点，指导和协调各乡镇村做好工作。

（五）采取“示范+帮扶”模式，解决产业发展区域不平衡

针对乡村特色产业发展不平衡问题，可行性的途径是采用“示范+帮扶”模式。乡村特色产业发展存在差异：一是缘于自身资源禀赋不同，二是缘于产业发展不同时、不同步。前者导致的产业发展差异除因地制宜谋划产业外，发展面临的客观困境短期内难以解决。后者引发的差异则相对好解决，可通过示范效应激发农户发展产业的内生动力，通过帮扶解决怎么发展的问题，从而缩小产业发展区域不平衡的差距。

云阳县：乡村特色产业发展与脱贫成果

一、云阳县乡村产业发展模式

近年来，云阳县大力发展农业产业，在实施产业扶贫中积极探索构建龙头企业、合作社、村集体与农户和贫困户之间的利益联结机制，促进脱贫攻坚、稳定增收致富，主要采取以下5种模式。

（一）财政资金股权化模式

一方面，深入推广“5122”模式，即将各级财政投入的农业产业项目补助资金，按经营主体持股50%、村集体持股10%、土地流转农户持股20%、贫困户持股20%的股份量化，实行固定分红。另一方面，鼓励各乡镇根据自身情况打破“5122”分红比例，探索股权化改

革新模式。如泥溪镇在发展柑橘、黑木耳等产业中，采取“村集体公司+村劳务公司+贫困户”形式，即村集体公司以产业扶贫资金与村劳务公司按 1∶1 投入，各占股 50%，村集体公司所占股份收益分配为：村集体 50%，贫困户 20%，风险基金 30%。

（二）股份合作联结模式

贫困户以土地、自有设施设备、资金等要素入股市场主体，参与、监督企业的经营管理，并按股分红。如黄石镇老屋村全村 354 户农户（其中贫困户 64 户）以柑橘树入股橘发果树种植股份合作社，集约化发展柑橘共 1 750 亩，年利润达 12.7 万余元，入股农户分红金额 9.6 万余元，其中，贫困户分红 1.5 万元。截至目前，全县已有 17 049 户农户，其中，建卡贫困户 3 147 户，通过土地入股到龙头企业和农民合作社，土地入股面积 3.29 万亩。

（三）流转聘用联结模式

农户、贫困户将土地、山林流转给龙头企业，每年获得稳定的土地流转费，由企业自主经营，并吸收农民就近务工，获得比较稳定的收入。如盘龙街道青春村引进博责农业公司发展的 1 300 余亩银杏产业，按荒山荒坡 100 元/亩，耕地 500 元/亩流转农户土地，同时，农户按土地流转金的 50%统一入股公司，每年保底分红。同时，解决本村 120 人就近务工（含贫困户 45 人），共支付务工费用 61.5 万元，其中，支付给贫困户 24 万元，贫困户人均收入达 5 300 元。

（四）订单合同联结模式

新型农业经营主体优先与贫困户签订长期农产品购销合同，形成稳定的购销关系，实行“市场价+一定比例上浮”等保护价收购，实现利益共享。如芸山农业有限公司与 28 个村（社区）签订种销合同种植三峡阳菊 1.5 万余亩，涉及贫困户 1 500 余户，由各村委会组织农户生产并统一回收产品交与公司统一加工、统一销售，实行保护价进行收购。

（五）服务协作联结模式

龙头企业和合作社通过统一种子以及统一管护，为农民提供技术服务，农民实行分散种植，为龙头企业和合作社提供优质农产品。如上坝乡市帼辣椒种植股份合作社通过“统一农用物资、统一播种时间”发展辣椒产业，聘请市、县级专家进行技术指导和服务，涉及上坝乡、蕈草镇等周边10个乡镇900多户贫困户。年产新鲜辣椒15 000 t，实现销售收入3 000万元，剔除成本，户均增收1 500元以上。

二、云阳乡村产业三产融合，巩固拓展脱贫攻坚成果的路径

云阳县乡村产业在脱贫攻坚时期为脱贫事业做出显著贡献，其中，国家出台各项产业扶贫政策，从金融、土地、人才等多个方面给予扶持，但伴随着脱贫攻坚战的结束，产业扶贫向产业振兴深化，需要云阳县政府持续加强政策扶持力度，针对现发展阶段，完善相关政策扶持，敦促云阳县乡村产业一二三产高水平融合。

三、整合闲置资源，优化顶层规划设计

（一）创新利益联结模式

针对一二产业融合利益机制分配不均的问题，鼓励不同经营主体之间合作共荣，稳定农户与企业建立长期合作预定，打造利益共同体和命运共同体。农业产业化发展常通过企业为中介，与农户或者农业专业合作社建立利益合作关系。稳固的农户与企业之间的利益联结模式，有利于企业稳定农产品来源，持续良好发展，而农户也能通过与企业的稳定订单而保障自身前期投入成本，更专注农业生产标准化。在脱贫攻坚期间，企业与农户构建利益联结的主要模式为：企业提供农户所需生产的农产品信息以及稳定的订单量，农户通过企业提供的所需农产品信息进行农业生产，以此建立简单的利益关联。在此期间，一些涉农企业为收购到符合自身企业要求的农产品，可能为建立利益联结关系的农户提供相应的农业种植技术指导，用以保证收购农产品的品质达到标准。农户则通过企业提供的农业生产技术指导提高自身能力。但企业在收购农产品之前需要农户自行垫付农业生产中的农业物资，而农业本身弹性弱且农户市场信息不敏感，导致农户无法就市场农产品供需变化及时做出调整，涉农企业的收购则会根据市场

农产品供需变化而临时改变订单，这意味着被企业单方面违约的农户需要自己承担前期投入的农用物资成本。而这种并不完全稳固的利益联结模式在巩固拓展脱贫攻坚期间需要进一步创新优化，让农户进一步享受到乡村产业融合发展所增值的利润。主要需要做到以下三点：一是持续推进订单农业，通过大数据技术建立农业信用体系，制定规范化额订单签订制定程序，严格订单合同管理，建立监督约束机制，并按收购量进行利润返还或二次结算，将一部分利润共享给农户，保证农户利益，稳定长期合作，逐步实现订单合同可追溯管理模式。二是积极推动股份制和股份合作制，支持农户与新型经营主体以土地为基础入股产业融合，形成有机的利益联结模式。三是发挥好各类农业中介机构的利益联结作用，提升合作社和龙头企业通过双向入股方式实现利益联结，明确资本参与利润分配比例上限，明确利润分配机制。使得农户通过乡村一二三产业融合发展获得切实利益，持续增加自身收入。

（二）合理布局要素资源

三产融合发展不仅仅需要一二三产之间打破产业壁垒，还需要就一二三产融合的布局进行整体规划布局，便于整合利用农业产业化中的优势资源。通过将各村镇闲置资源要素整合。例如，将村镇闲置土地资源整合，便于希望发展农业产业的涉农企业了解村镇土地情况。再利用组织竞拍等形式，将希望在本地发展农业产业的涉农企业集中起来，利用产权市场公开流转闲置土地。在进一步提高闲置资源价值的情况下，也避免小规模闲置资源流转中农户缺乏话语权导致流转价格不一的现象。与此同时，一方面，大规模闲置资源流转可便于云阳县政府了解涉农企业对当地闲置资源的规划，利于云阳县政府合理规划村镇发展方向，避免出现政府规划与涉农企业自身发展相悖情况；另一方面，对于龙头企业而言，云阳县政府便于根据龙头企业的农业产业发展状况及时提供相应的政策支持，促使龙头企业农业产业稳定持续发展，带动当地经济持续发展，为农户提供稳定的就近就业岗位及工资性收入，促进脱贫攻坚成果的巩固拓展。

（三）打造三产融合示范区

要实现从脱贫攻坚平稳过渡到乡村振兴阶段，就必须实现巩固拓展脱贫攻坚成果。而乡村产业发展是实现巩固拓展脱贫攻坚成果的基础，促进农业产业一二三产融合发展，能延伸农业产业链，在当地提供更多就业岗位，促进当地农户就近就业。首先，政府应加快建设三产融合示范区，通过政府牵头做好各县域的县情了解，根据各县域比较优势，整体划分农业特色产业的种植区域。根据村镇的地理位置以及环境资源合理进行一二三产业布局的合理规划，综合利用农业生产、加工、销售中可以利用的资源，延伸农业产业链。经过县域级别的资源整体布局，提供整体规划思路，实现当地三产融合发展的模式，为其他区域根据自身资源禀赋发展农业三产融合发展提供方向和思路。其次，农业三产融合发展，产业链延伸的状况，必然促使当地就业岗位增加，使得当地农户除获得土地流转收入外，额外增加工资性收入，致使农户持续增收，巩固拓展脱贫攻坚成果。

（四）完善农村土地制度

持续深化土地制度改革，为实现依法维护农户的合法权益，提高农户在土地流转中的话语权，盘活闲置资源。首先，健全土地流转管理服务体系，由当地政府牵头建立县域、乡镇、村镇的土地流转公开平台，实现各个平台的土地流转信息互通相连。通过建立该产权交易平台，实现当地乡村土地经营权交易，乡村土地综合整治指标、土地相关政策、土地流转双方合同签订等服务，实现乡村土地流转透明化、简便化、规范化。其次，规范闲置土地处置方式。对于房地一体的宅基地使用权进行确权登记，对于需要进城落户的乡村居民实行规范的有偿退出农户相应权益的政策，允许其进行资源转让或者退出部分或者全部承包经营权、宅基地资格权和集体经济分配权，便于村集体整合乡村闲置资源，进行公开整块产权交易，提高参与资源流转的农户的切实利益，促进农户增收。最后，县域层面土地使用指标，有限满足农业产业融合所需用地。通过建立农业产业用地，提升三产融合现代农业园的水、网、电等便利设备，提高前往该地的消费者便利度，为该地吸纳人气。

四、开发农业多功能性，延伸农业产业链

（一）农业产业开发增值

首先，农业本身具有多功能的属性，从农业的文化属性做切入点，鼓励农业经营企业开发多种形式的农业服务，鼓励经营主体做好农业与旅游、教育、康养、休闲等元素的融合，充分挖掘云阳县本土文化优势，结合农业的文化属性，创新性发展多功能体验文化。以云阳县优越的旅游资源作为优势，做好生态农业的基础上，发挥云阳县山清水秀、生态环保的优势，吸引更多周边短期游客来体验田园风光，引导农业生产企业发展旅游、农家乐等文化体验项目，增加云阳县当地的人气。通过各个季节不同的田园风光打造不同的庆祝节日活动，鼓励涉农企业参加农民丰收节、采摘节等多种农业节庆活动。例如，与周边中小学学校建立假期观光体验项目联系，邀请小学生在课余时间体验、了解田园生活为吸引点，通过组织农民丰收节留住吸引消费者，依托优越的生态环境，使游客从短期旅游到长期居住。其次，加强与国内农业高校合作。三产融合的深度取决于农产品精深加工的能力，通过与农业高校建立良好的合作关系，大力发展农产品加工业，打造完整的产业供销链。云阳县现阶段处于初级农产品加工阶段，加工的产品大多是简单地将农产品转化为食品、饮料、药品、保健品等食品类产品。并没有充分的挖掘出农产品原材料的价值。通过与农业院校的合作，农业与加工业在社会多元化功能的诉求和技术进步的共同作用下，在向传统的食品加工领域延伸后，还可以向医药产业、能源产业等发展，使其成为现代农业产业价值链的“长链”，实现农业与第二产业的深度融合。例如，在健康医药领域，通过农产品加工企业研发出具有预防、保健功能的全新产品。总之，通过开发农业多元化功能以及健全农业产业链的方式，促使云阳县乡村产业三产融合发展，为云阳县农户提供更多就业岗位，促进云阳县农户增加工资性收入。

（二）建立产业统一标准

云阳县乡村产业在脱贫攻坚期间主要以增产作为提升农户收入以

后，政府提倡树立公用品牌，建立品牌意识，导致了云阳县特色产业呈现特色产业品牌众多的现象，为解决这个问题，想要将“天生云阳”“云阳红橙”等品牌扎入消费者心里，就需要将“多而杂”的品牌精细化。首先，需要通过政府主导，在农业专业合作社与散户的合力作用下，将云阳县特色产业的标准统一化，便于涉农企业了解云阳特色产业的品质及特点，同时也便于对云阳县特色产业精深加工进行研究和成功技术推广。其次，通过将云阳特色产业进行统一标准化的规定，提高云阳县特色产业的品质，提升云阳县特色产业的品牌效应，最终达到提高云阳县特色产业售价的目的。云阳县各涉农经营主体通过主动建设、维护品牌，促使云阳县乡村产业一三产业融合发展，农产品得到增值，农户收入能进一步增加。与此同时，农户在提高增值收入的刺激下，为实现标准化生产特色农产品，其内生发展动力被激发，促进农户种植技术提高并提高其增收能力，达到巩固拓展脱贫攻坚的目的。

（三）加强农业职业培训教育

创新是驱动云阳县三产深度融合的驱动力，而要实现创新就必须重视人才的培育。云阳县应组织当地特色产业农户，持续对其进行农民职业技能培训。通过国家与当地涉农龙头企业共同出资，建立农民职业培训，加强培训农业技术服务人才，农旅新业态经营性人才以及乡村致富带头人。由政府统计现有农户，尤其是脱贫户的不同资源禀赋，针对不同身体素质不同知识水平的农户采取不同的技能培训方式。例如，对于缺乏劳动力的脱贫户将其向餐饮服务业人员、电商直播人员、第三产业的导购人员等方向培养。对于成功通过所学技能获得稳定工资性收入的脱贫户，由政府出资对于其主动学习并学有所成进行一定的奖励，鼓励脱贫户摆脱“等靠要”的思想，激发其主动提升自身增收能力的意愿。

（四）推动农业高校定点帮扶乡村建设

科学技术作为推动农村一二三产融合的重要因素之一，对农业产业链条的延伸起着重要推动作用。针对涉农加工企业市场竞争力低问题，首先，建议政府加大对农业高校的项目扶持力度，定期举办农业科技创新大赛，并对优胜组成员提供一定的就业优惠政策，促进农业高校加快农业科技创新研究，激发农业院校学生的积极性。其次，建议云阳县农业农村主管部门加大科学继续的推广力度，例如，新品种、新技术的推广，通过试点带动、种植补贴等多种形式，鼓励农业生产经营积极尝试高新技术，获取农业高新技术福利。最后，政府需要做好科学技术的推广宣传工作，加大对各个乡镇的农业技术推广，用好农业技术推广站，保障推广技术能够覆盖到基层农户，建议政府农业部门通过定期召开科普宣传、举办讲座、实地走访、培训等方式，把先进科学技术植入到农业生产的各个环节，促使科技更好地服务于农业产业中。

五、完善产业融合基础设施，促进农户增收增能

（一）培育新型经营主体

对于云阳县来说，各个乡镇的资源禀赋和经济发展水平并不完全相同，涉及的利益主体具有多样性，应因地制宜培育各类农村新型经营主体，采取多样化的产业融合模式。首先，在培育经营主体方面应首先考虑本地农户，本地农户对于当地的情况更为了解，也是一直从事云阳县特色产业种植方面的工作，不但便于留住本地人才，也便于在云阳县推广职业农民培训。通过在云阳县开展职业农民培训的方式，培养一批有文化、懂技术、会经营的职业农民。其次，定时定期在云阳县举办农户技能大赛，并由当地政府或者各村集体提供一定的奖金，促使农户之间进行农业技能切磋，促进农户的种植能力持续提升，也为各农户提供学习其他农户优秀经验的机会。最后，应以提高在云阳县农业经营者的就业工资或政策优势等，保障其相应社会福利的方式，促进外地优秀人才来到云阳县就业。

通过外地人才将其他地方关于产业融合等方面的优秀经验带到本地交流，促进云阳县新型经营主体的发展。

通过培育新型经营主体，推动云阳县当地的经济发展以及为发展当地产业而促使本地的产业配套设施逐渐完善。例如，实现产业集群效应，降低一三产业运输的物流成本。通过产业发展促进云阳县基础

设施完善，以吸纳更多人才来云阳县发展，促使农业人力资本实现从数量到质量的改变。同时，提供更多就业岗位，促进云阳县农户增加稳定工资性收入。

（二）完善产业融合配套设施

首先，是完善云阳县电商设施建设。随着物联网、区块链、大数据的普及，智能农业、智慧农村、智慧农旅日益火爆。云阳县应抓住机遇，顺应市场经济趋势，大力完善农村电子商务经济配套设施，把“云阳红橙”通过互联网赋能等新兴技术输送到全国各地消费市场。大力建设冷链物流设施，解决好农产品同质化严重的堵点问题，通过建设冷链设备，实现优质农产品错峰销售，不仅减少农产品的损耗，又能保障消费者收到的农产品的新鲜度。尽快制定出针对网络使用标准公用品牌的防伪标志，便于购买特色农产品的消费者辨别真伪。其次，应着力完善云阳县农机社会化服务。各种农业专业合作社在农业服务体系中占据重要位置，而农业生产规模化、现代化也成为农业产业持续发展中必不可少的一个发展趋势，应鼓励农户以及农机专业合作社的负责人根据云阳县当地的土地情况，及时更新农机技能培训、农业机械修理、农机配件更新等相关服务技能，提供的服务以所在地为中心，向四周辐射。促进云阳县农机社会化服务从耕种、收获等环节向播种、喷洒农药、灌溉等多业态模式方向发展。最后，通过完善云阳县产业融合的配套设施，促进云阳县乡村产业进一步实现产业融合，将农业产业融合所带来的利润分享给农户，促进农户增收增能，实现巩固拓展脱贫攻坚成果。

（三）完善农村基础设施建设

当前云阳县农村一二三产业融合发展的短板在加工业和旅游业与第一产业融合度不足上，建议云阳县政府立足当地旅游资源禀赋，持续保护当地生态环境，做大做强食品加工业和农业休闲旅游两个领域，加大财政扶持力度。重点从产业园区建设、食品加工设备采购、冷链建设等环节予以财政支持，撬动社会资本参与云阳县农村一二三产业融合建设。建议云阳县政府针对不同规模的经营主体，从各个类型经营主体存在的实际困难出发，加大产业发展后续财政扶持力度，对大型农业生产企业着重激发他们的积极性，鼓励大型涉农企业升级换代产品和生产条线，鼓励农民专业合作社、加工企业等新兴经营主体从现有的粗加工、小型农家乐向深加工发展，并对此进行财政补贴。创新产业融合监管机制。在云阳县设立农村产业融合发展工作小组或者办公室等综合协调机构，完善推动农村产业融合发展的组织领导机制，负责协调农业、旅游业、教育、文化、宣传、市场监管等各部门政策资源，统筹推进云阳县农业产业融合相关政策研究、公共资源配置、规范市场准入、加强市场监管等事宜。加强云阳县农村产业发展的市场监管力度，避免一些融合发展领域监管缺失，例如，电商领域的公用品牌监督。实时监督农村产业融合项目进程，对不合规行为从严处罚，对可能存在的风险及时制止。开通社会监督通道，增加农民参与产业融合发展的积极性，及时扼杀不合理、不科学的企业行为，保障农业经营者的相关利益。

广西：脱贫地区乡村特色产业提质增效

一、广西县级“5+2”、村级“3+1”特色产业的模式分析

在“十三五”打赢精准脱贫攻坚战中，广西是全国脱贫攻坚的主战场之一，在产业扶贫方面取得显著成效，形成的县级“5+2”、村级“3+1”特色产业扶贫模式创新，对“十四五”期间推进脱贫地区乡村特色产业发展有着可借鉴之处。

广西根据县域和村屯的资源禀赋、产业基础、发展条件、市场需求，突出扶贫产业的特色化和清单制，从2017年开始推行县级“5+2”、村级“3+1”特色产业发展模式，即对有扶贫开发任务县和贫困村，在省级层面建立县级5个特色产业和2个自选产业、村级3个特色产业和1个自选产业的特色产业清单。清单目录上的县级“5”个和村级“3”个特色产业，在脱贫攻坚期内集中力量发展且原则上不能变动；自主选择确定的县级“2”个和村级“1”个自选产业，每年可根据实际情况调整1次。该模式有效引导和推动项目、资金、技术等要素集中投入，推动特色产业培育立足县域、精准到村、覆盖全

域，在脱贫地区初步构建起较为完备的特色产业体系。

二、推进脱贫地区乡村特色产业提质增效的对策建议

“十四五”时期是国家对脱贫地区设立的5年过渡期，减贫战略由集中性减贫治理转向常规性减贫治理，“三农”工作重心转向全面推进乡村振兴。推进广西脱贫地区进一步实现乡村振兴，仍需长期坚持产业思维，巩固拓展和持续创新县级“5+2”、村级“3+1”特色产业模式，促进脱贫地区乡村特色产业内生可持续发展和不断壮大。

（一）提升产业规划水平

做好脱贫地区乡村特色产业发展的摸底调查，坚持科学设计、合理布局原则，在省级层面科学制定县级“5+2”、村级“3+1”特色产业发展规划，并注意与国民经济和社会发展规划、农业农村现代化规划等各类规划衔接，以规划来引领脱贫地区乡村特色产业结构调整。在脱贫攻坚期形成的特色产业基础上，按照大稳定小调整的方向，进行特色产业的整合、更新和提升，进一步优化县级“5+2”、村级“3+1”特色产业布局，推进特色产业向适度规模经营转变、向优势区域集中，打造集中连片的特色产业集群。

（二）加快全产业链发展

农业全产业链以一二三产业融合发展为基础，以农民有效参与产业融合为前提，实现产业链条的横向拓展和纵向延伸，是打破农村一产独大、农业产业链分段等困局的有效发展方式。

脱贫地区乡村特色产业发展要注重发掘农业功能，深度开发乡村价值，进行全产业链开发的流程再造，加快农村一二三产业深度融合。加强农产品品牌建设和品牌营销，引导脱贫地区按照“小产品大产业”的发展思路因地制宜打造一批“土字号”“乡字号”特色产品品牌，对高价值、高品质的特色农产品进一步提高其品牌知名度。此外，还要注重丰富产业业态和内涵，推动县级“5+2”、村级“3+1”特色产业从传统农产品供给向休闲观光农业、农耕体验、定制产品、乡村旅游伴手礼等融合农文旅的产业业态升级，不断提高产业附

加值。

（三）壮大新型经营主体聚焦

县级“5+2”、村级“3+1”特色产业培育一批新型农业经营主体，特别是重点引进、壮大一批农业产业化重点龙头企业，形成加工能力较强、市场渠道畅通的龙头企业集群，以龙头企业来引领、带动乡村特色产业提质升级。延续脱贫攻坚期的扶持政策，持续支持脱贫地区农业企业做大、做强，优先支持申报各级农业产业化重点龙头企业。建立龙头企业牵头、小农户参与的农业产业化联合体，在联合体框架下健全完善龙头企业联农带农的利益联结机制，带动农民参与全产业链若干流程，最大程度促进小农户与农业现代化有机衔接。

（四）构建现代化流通体系

鼓励社会资本积极进入脱贫地区，充分运用现代化信息手段和互联网、大数据技术，参与建设标准化的生产基地、加工基地和仓储物流基地，聚焦整个产业链条来重塑线上线下相互融合的农产品流通体系，提升农产品在流通领域的标准化、智能化、数字化、精准化水平。聚焦“新零售”等导向，推动农产品流通企业、电商、批发市场与脱贫地区县级“5+2”、村级“3+1”特色产业精准对接，与脱贫户建立就业、订单、土地流转、资金入股等利益联结关系，打通农产品销售专区、专柜、专馆和定向直供直销渠道，完善农产品产销对接公益服务平台。

（五）强化科技和人才支撑

注重提升脱贫地区农业生产性服务水平，引导供销、邮政、农业服务公司、农民合作社等开展农机作业、农资供应、产品营销等农业生产性服务。以各类农业园区为载体，建设一批全产业链产学研创新平台，承接科技成果转化孵化，提升脱贫地区乡村特色产业发展的科技引领力。聚焦县级“5+2”、村级“3+1”特色产业，建立健全农业科研教育单位、产业技术体系团队挂钩联系的科技服务机制，组织专家开展针对性的科研攻关和科技输出。加强农村高素质人才队伍建设，在县域范围内对从事县级“5+2”、村级“3+1”特色产业的各类新型农业经营主体，开展农业生产技术、经营管理知识、市场营销方法、岗位职业技能等系统培训。加大适应农业现代化发展要求的高素质农民队伍培育力度，重点培养一批种养大户、家庭农场主、青年农场主等农业生产经营人才。

第四章 “乡村特色产业+文创”业态案例模式

第一节 构建文创型乡村推动乡村振兴发展

一、文创型乡村的内涵

文创型乡村是指将传统农业与文化创意产业相结合，发展乡村文创产业，借助文创思维与逻辑，将文化、科技、农业等要素相融合，从而开发、拓展传统农业功能，提升、丰富传统农业价值的新型乡村建设模式。乡村文创产业的内涵分为广义和狭义两种，广义的乡村文创产业内涵包含文化创意服务业和乡村文创产品及营销等多方面内容，涵盖乡村旅游吃、喝、玩、乐、购、住、行等方方面面的消费。狭义的乡村文创产业内涵则指为乡村开发的乡村文创产品，主要包括农产品包装、非遗文创产品、乡村文旅纪念品等，指那些带得走的乡村产品。由上述定义可知，广义的乡村文创产业包含狭义的乡村文创产业。

二、构建文创型乡村开发乡村文创产业的主要内容

乡村文创产业主要包括乡村文化创意服务业（以下简称“文创服务”）与乡村文化创意产品开发、生产、销售服务业（以下简称“文创产品”）两大类型。文创服务业主要包括：与乡村体验相关的服务业，如乡村民宿、农家餐饮、非遗体验、农事体验等；与乡村休闲度假相关的服务业，如休闲观光、康居养老、休闲渔业、水果采摘等；与生态自然旅游相关的服务业，如生态旅游、生态研学、健身休养等；与乡村文化旅游相关的服务业，如民俗活动、童玩活动、文艺表演、影视拍摄等。文创产品主要包括：当地农产品的创意包装及品

牌化管理运营；依托特有非遗文化而设计开发的文创产品；文化旅游纪念品。

三、构建文创型乡村的指导思想及对乡村振兴的意义

构建文创型乡村要以“产业文创化，文化产业化”为指导思想，即将传统农业（第一产业）结合创意发展成为农业创意产业，农产品初级加工（第二产业）结合文创发展成文创农产品，同时，融合乡村的非遗文化与创意结合引入观光旅游，发展以文化旅游服务为代表的第三产业。

文化创意介入乡村振兴建设，需要充分挖掘当地的文化资源与自然资源。在文化资源方面，要充分挖掘乡村的非遗文化、村史、名人故事、神话传说、手工技艺、民俗方言等重要的文化资源，用创意设计的方法融合文化资源，重组乡村原有产业结构，发展具有高附加值的乡村文化创意产业。在自然资源方面，要充分利用乡村独特的自然景观，开发乡村旅游项目，带动当地餐饮和民宿发展。同时，结合在地文化，创造独特的人文环境景观，发展乡村文旅产业，从而带动乡村文化、经济、社会、生态的全面振兴。

四、构建文创型乡村是巩固脱贫攻坚成果，促进乡村振兴的重要路径

2021 年 2 月 25 日，习近平总书记庄严宣告我国脱贫攻坚战取得了全面胜利。在乡村脱贫攻坚过程中，一些拥有独特人文资源和自然资源的乡村发展乡村文创，逐渐摆脱了贫困，迈开了乡村振兴的步伐。如我们熟知的“精准扶贫”提出之地“十八洞村”。2013 年，习近平总书记来到十八洞村视察时，村民人均年收入仅 1 600 余元，扶贫工作队驻点帮扶村民后，村里依托优质的自然资源，发展乡村文化旅游业，村民开办特色民宿、农家餐饮，同时，引入文创设计，对当地非物质文化遗产“苗绣”进行文创产品开发，发展独具特色的苗绣文创产业，经过 6 年的脱贫攻坚，十八洞村人均年收入已经达到 14 668 元，成为发展乡村文创产业、构建新型文创乡村的典范。

五、文创型乡村建设是全面推进乡村振兴的重要内容

文创型乡村建设通过挖掘乡村特有文化与自然生态资源，因地制宜地设定乡村建设模式；通过凝聚乡村文化，促进乡村文化振兴，以文化创意融入到传统产业，带动产业升级，优先发展乡村特色文化旅游。以民宿、餐饮、休闲娱乐等文创服务业带动乡村第一产业向第二、第三产业方向发展，使乡村在文化振兴的同时带动乡村的全面振兴。

六、特色农业与乡村文创产业融合发展的特点

乡村特色产业的"特色"，具有地域性、资源性、特定市场需求3个维度。其中，地域性特色是基础，比如特色农产品原产地等地理性标志特色，就是乡村产业区域特色的重要内容；资源性特色是本底，乡村特色产业及乡村产业发展的经营方式、产业业态、产品特点及服务方式等，均是资源性特色的体现，并受其约束；特定市场需求特色是原动力，在需求牵引下形成特征鲜明的乡村特色产业。

（一）特色农业与乡村文创产业融合发展

特色农业连接乡村特色产业和乡村文创产业，推动乡村特色文创产业在探索中发展。其中，乡村文创产业以市场为导向，兼具文化创意和艺术创意等多种生产模式，融合地域性的自然资源和历史文化资源，创造性转换成文化创意产品和文化旅游服务。乡村文创产业是乡村特色产业与文化创意融合发展的新产业。依托特色农业资源，通过乡村文创产业打造，形成"一村一品"、创意农业、艺术乡建等新业态新模式。其基本特点如下。

1. 产业要素有特色

乡村文创产业要素特色鲜明，表现在三个方面：一是以独特的乡村资源和文创资源融合发展为基础。这些资源主要由独特的自然、文化、艺术创意等要素组成。二是以区域特征"场景化"作为重要支撑。产业发展呈现地域特色，同时，产业特色构成对区域特色的展现，形成"场景化"效果。三是以特色农业植入乡村文创和科创及数

字化元素，呈现出品质独特、功能特殊、产品附加值高等特色。

2. 产业空间在乡村

乡村文创产业是指县、乡（镇）、村行政区域内的文化创意产业。它既具有大文化产业所具有的普遍属性，又具有独特性。乡村文创产业的空间属性是乡村，是以乡村资源禀赋和独特的历史文化资源为基础，与文化创意融合发展形成的产业。

3. 产品体系三大类

乡村文创产业的产品体系有三大类：第一类是文创特色农产品，如特色果蔬、茶叶、食用菌、中药材、特种畜禽、特色水产、林特花卉等，经过文化创意植入形成新品种；第二类是文创特色手工艺品，如乡村食品、酿造、纺织、竹编、草编、陶艺、木雕、木工等特色手工业，经过文化创意精心打造，形成新产品；第三类是文创引领的农文旅服务产品，如休闲农业、生态度假、乡村康养、农业研学等新业态。

4. 产业集群有优势

乡村文创产业三大体系产品都能够在一些地区形成产业集群。一些地区在发展特色农产品、特色手工艺品方面有历史传统，技术比较成熟，相对集中连片，市场半径和市场占有份额大，有较强的产业集群能力，容易形成“一村一品、一乡一业、一县一特”的区域品牌。在农文旅服务产品方面，如乡村民宿，也能形成产业集群发展。

5. 特定消费有市场

乡村文创产业面向市场，是市场导向性产业。乡村特色产业推动传统农业由生产导向向市场导向、由规模导向向提质导向转型。地方特色蔬菜、特色果品、特色花卉、道地中药材、特种猪禽蜂、特色水产等的发展，可加快推动一个地区的农业产业调整与结构优化。乡村特色产业也是效益产业，是适应消费结构升级，居民消费由吃得饱转向吃得好、吃得营养健康，消费呈现多元化、个性化发展趋势的重要产业。乡村特色产业与乡村文创跨界融合，特色农产品以更精致、更美观、更有质量的形态投放市场，将获得更大效益。

6. 农旅业态生态化

特色农业具有气候调节、水源涵养、土壤保墒、废物处理、生物多样性保护等生态价值，可以修复自然资源系统和环境，实现生态环境资源的服务和供给价值。其生产要素本身就是构成生态环境的主体因子，对促进经济持续发展、改善生态环境、保持生物多样性，支持农村一二三产业融合发展具有积极作用。乡村特色新型产业如康养、乡村休闲旅游等，需要配置生态资源，在“生态化”过程中更有特色地发展。

7. 融合发展为路径

融合是创新乡村新型特色产业的手段，其路径与目标是发展乡村文创产业。多产业、多元素跨界融合，为乡村特色产业创新提供新型资源。乡村新型产业及其新业态创新、叠加，推动乡村文旅、乡村康养、农业研学、数字农业等创新发展。这些新产业新业态都是跨界融合、多产合作的产物。跨界融合，在城市与乡村之间构筑要素互通、资源共享、良性互动的有机整体，实现城乡融合统筹发展，为社会资源流向乡村提供通道。

（二）乡村文创推进“特色农业全产业链”发展

乡村文创作为一种创意和艺术技能的生产方式，通过跨界创意与组合，打造乡村产业新业态新模式，塑造乡村生活的新体验，引领乡村未来生活的新趋势。乡村文创，不同于城市里“洋”味浓烈、专注于时尚产品的文创样式，而是要立足于乡村当地的“泥土味”“烟火气”，导入创意农业和艺术乡建的元素，使乡村场景和农业产品从表象到内质发生重大变化。其最大特点是聚焦特色农产品，打造特色农业全产业链。

1. 特色农业产业链是不同农产品链的集合体

农业产业链条可以涵盖产前、产中、产后的各个环节，从农业产前的农资生产与技术开发到农业生产过程中的社会化服务，再到产后的农产品贮存、深加工、运输、销售等环节。通过乡村文创推进全产业链发展，能够获得明显的增值增效成果。如台湾宜兰“三富”农场的柚子特色产业链，经过 30 年种植，柚子种植园逐步延伸出两个新业态区块：一个是在柚子花、柚子皮上做文章，延伸出一个以柚子为主题的茶餐厅，为游客提供柚子花茶和点心等；另一个是将果园的植物生态延伸为鸟类和昆虫集聚的体验式生态公园，吸引亲子家庭，并根据年轻人的喜好，开发出很多DIY体验产品。又如日本九州马路村的柚子，由韩国香橙改良而来，通过“文创+科创”发展柚子二次加工。1988年开发出“畅饮马路村”柚子汁，当年销售额即突破1亿日元。在柚子汁获得成功后，又拉长产业链，开发出柚子系列食品和柚子系列化妆品，柚子的经济效益，30年来一直稳步上升，目前，年销售额已达40亿日元。相比较而言，浙江常山、玉环、温岭等县市也有常山胡柚、玉环文旦、温岭高橙等“名特优”农产品，但乡村文创的应用多体现在产品的“鲜果礼盒”设计上。2022年，浙江常山推出“常山胡柚、日本香柚”复合柚子汁等新产品，农副产品加工迈出新步伐。

2. 特色农业产业链是经营模式成功的基础

特色农业不是“大农业”，而是“小农业”，浙江受土地资源和地形地貌影响，西部山区一直延续特色农业“小农业”的生产方式。而日本、中国台湾地区的农业自然条件与浙江相似，山地丘陵居多，但他们有些特色种养业农产品的经营延续几代人，出现了多个“百年农场”和“特色农场”，拥有了特色农业全产业链成功运营的经验。

从整个特色农业产业链来看，特色种养业具有品种技术创新、育种农资农技和农业产业结构升级、种养护理科技化和标准化等特点。农产品初加工、精深加工—特色农产品转换为特色商品与服务产品—特色农产品营销渠道市场化、数字化，在整个过程中，每个经济单元的价值不同，形成了一个完整的特色农业全产业链。特色农业全产业链是以消费者为导向，从产业链源头做起，以“研、产、销”高度一体化经营理念为主导，将传统的上游原材料供应、中游生产加工、下游市场营销全部纳入企业的高度掌控之中。由此可见，特色农业全产业链是一种纵向一体化和横向多元化有机结合的经营模式。

七、特色农业全产业链“文创化”类型

经过深入考察，认为乡村文创是推动日本、中国台湾地区特色农

业全产业链成功运营的关键因素，在多元化乡村文创的牵引下，其特色农业全产业链呈现出不同的类型。

（一）“一业多品”特色花草全产业链

“一业多品”，是指一个特色种养产业能延伸出多个关联品类。比如玫瑰花能细分出大田观赏玫瑰、树桩盆景玫瑰、食用玫瑰等几个大类。

台湾苗栗的“花露花卉休闲农场”，就采取了从初始单一种植花草到最终形成“研、产、销”高度一体化的特色花草全产业链运营的经营模式。花露农场占地面积50亩，规划精准细致，业态丰富，拥有花草种植区、花草加工体验区、花草精油博物馆（展销区）和餐饮民宿配套区4个功能区块。其中，花草精油博物馆是全台湾唯一的精油博物馆，也是农场的核心区域，有几十个花草提炼的精油品种。花露农场的精油产品不仅面向游客现场体验式销售，还通过电商、代理等多个渠道，销往岛内外各地市场。有了这个拳头产品，花露农场几乎不受淡旺季影响——游客来得少，产品照样销售。在花露农场“研、产、销”一体化的特色花草全产业链运营中，以产品设计和业态设计为主要内容的文化创意发挥了重要作用。

1. 设计创意引领研发

芳香精油产业是国际上非常成熟的时尚产业。法国的普罗旺斯、日本的北海道等地区，在种植芳香植物、提炼芳香精油、组织芳香旅游等方面运营非常成功，素有“一棵小草托起一个经济王国”的美誉。花露农场从国际市场中受到启发，对精油产品不断研发提升。

2. 设计创意不离主题

跟很多休闲农场一样，花露农场也售卖门票，但门票可以抵消费。农场努力营造客人在轻松自然中消费的氛围：从种植园到精油博物馆，游客在参观从花草种植到精油提取的全过程后，可以亲身感受到自己用的香水精油来自哪些植物，了解香草植物种植与应用常识，还可以在专人指导下学习调制天然滋润的乳液或气味独特的香水，享受自己动手的乐趣。这样购买产品自然顺理成章。花露农场餐品的设计创意也植入了花卉元素，专门推出“玫瑰花宴”。与精油主题相匹配，民宿就叫精油城堡。城堡房间以花卉香草命名，如玫瑰花王后房、桐花房等，每个房间必不可少的是精油泡澡浴缸。

3. 设计创意打磨细节

花露农场的一草一木都来之不易，创始人对每个细节都反复打磨，不断赋予其新意和活力。从园区内大的设施到庭院小品，农场主人全部亲力亲为，做到“极致好看”，甚至公共厕所的便池也设计成花卉造型。

4. 设计创意花样翻新

农场主人无时无刻不在思考农场产品的创新，并保持高频的产品翻新，主要是考虑回头客的感受体验，要做到“每次来都感觉有新意，才会持续来”，只有这样才能保证农场的可持续发展。

（二）“一品多业”特色草莓全产业链

近年来，国内草莓种植产业不断发展壮大，辽宁丹东、浙江建德、江苏徐州等地都拥有知名的草莓品牌，产量和销售规模也逐年扩大。在草莓产业链发展方面，台湾苗栗大湖乡的做法值得借鉴。大湖乡农会引导农户联合，统一开发系列产品，塑造“大湖草莓”品牌，并统一进行市场推广。大湖草莓单一农产品在文化创意的推动下，与水果酿酒产业、食品加工产业、休闲旅游业合作，形成了特色草莓全产业链，成为“一品多业”运营的典型代表。

1. 立足果酒文化打造草莓水果酒庄

大湖酒庄是全球除加拿大、美国外的第三个生产草莓酒的酒庄，已经开发出湖莓恋、草莓淡酒、草莓香甜酒、醉佳情李、典藏情莓等品种。大湖草莓酒庄不接受批发订购，消费者需要亲自到草莓文化馆，其中，内设制酒中心和品尝中心，供消费者参观与品尝。

2. 立足美食文化开发草莓系列食品和伴手礼

大湖草莓全产业链开发，除了酒庄自产的草莓酒，还引进轻餐饮美食文化和休闲点心制作工艺，开发草莓系列食品，如草莓果酱、草莓酒香肠、草莓冰激凌、草莓蛋糕、草莓布丁、草莓酥等以草莓为原材料的加工制品。目前，已从大湖草莓系列食品延伸到了以草莓为标志的伴手礼产品，除草莓泡芙、草莓饼干等礼品包装的伴手礼外，还有草莓娃毛绒玩偶、草莓马克杯、草莓抱枕及草莓文化衫等周边文创产品。

3. 立足休闲文化创建草莓文化园区

园区的地标性建筑是两个又红又大又高的大草莓，内部楼层特色鲜明：一楼是农特产品展售区；二楼是放映室及礼品区，另有 DIY 纸黏土教学区；三楼是草莓生态展示区；四楼、五楼是具有田野风味特色的餐厅及空中花园，游客在用餐的同时，可以鸟瞰草莓种植园游客采摘场景，远眺大湖地区山野村落风光。园区忠实呈现了大湖地区独特的草莓文化，让成年人及儿童共享一个个感性、知性、趣味的草莓文化体验场景。

草莓文化深入游客心智，延伸出餐饮、购物、娱乐、游览、采摘等旅游体验，引发草莓园采摘、草莓烘焙、草莓园运动休闲、草莓原创美食、草莓农家民宿等系列体验项目和活动，大湖草莓园区也成为当地唯一全年无休的休闲旅游新景点。

（三）“小中见大”特色芥末全产业链

特色农业是“小农业”，特色农产品是“小产品”，但往往能起到“小中见大”的作用。比如已有 105 年历史的日本大王山葵农场，就把芥末产业做到了全日本规模最大。以产品定位设计和模式设计为主的文化创意在其成功过程中发挥了积极作用。

1. 不局限于芥末种植的单一，在农场园区寻求多点开花

大王农场很早就将种植园发展为集观赏、休闲、餐饮等综合开发于一体的观光农场。黑泽明导演的电影《梦》曾在此拍摄。那水车、河流，一直在讲述百年农场的传奇。

2. 不局限于芥末产品的单项，开发多品种系列产品

除主打产品芥末调料外，又研发出配有芥末元素的巧克力、冰激凌、啤酒、馒头、芥末豆、芥末萝卜等几十种延伸产品，其中，山葵荞麦面、山葵酱冰激凌是农场的招牌产品。

大王农场在开发项目时，聚焦“芥末”，深挖“芥末”的文化内

涵，做成芥末文创IP，并贯穿特色芥末全产业链。比如，在芥末的种植和收获环节，设计吸引游客的场景，利用农场生态优势，彰显清幽风格，除可在溪流中划着小皮艇观赏，还可以在齐垄成片的田地里看到绿油油的、生长茂密的芥末；在芥末的加工环节，让游客走进加工车间，看技师们对芥末进行精细处理；在芥末休闲产品的体验营销环节，让游客走进芥末体验工房，在技师指导下，进行DIY体验，以农场自家产品优质山葵为原材料，通过搭配和加工，变成各色美食，让游客获得独有的餐饮购物体验。

第二节 农村文化创意产业促进农村特色产业经济发展策略

结合现阶段农村文创产业发展的问题和成因，构建农村文化创意产业与农村经济发展相互依存的协同发展策略，主要包括以下几点。

一、优化顶层设计，导入统筹性思维

加强联合共振，强化产业间联动。随着农村文化创意产业的不断发展，问题和短板也随之不断显现。从问题本源分析，产业建设的规划者和各级部门需要不断加强顶层设计的意识，正确认识农村文化创意产业的建设在农业经济发展链条中不是独立的环节和工程。农村文化创意产业的规划必须要综合考虑农村的产业需求、农业生产现状、土地的利用条件等因素，一方面，要满足农民的切身利益；另一方面，又要契合农村发展的要求，对各方面的利害进行综合性考虑，做到一碗水端平。同时，作为管理者应运用统筹性思维对整个农业经济结构的设计、土地规划的管理、土地功能的使用、产业结构的设计、优质人才资源的政策扶持等影响和制约农村文化创意产业发展的多方面因素进行宏观层面的思考和规划。应尤其侧重和加强对产业链各环节的管理层人才创新能力和综合素质的培养，以及管理体系、评价机制、人才保障等系统的构建，形成一个完整的顶层设计思维和系统，从而吸引优质人才和资源，充分刺激农村活力和促进良性的循环发展。

二、注重产业间的联合共振，构建立体多元化产业圈层效应

除了运用统筹性思维外，农村文化创意产业发展过程中还应注重产业间的联合共振，构建立体多元化产业圈层效应，发挥各自产业优势和效能，加强产业之间的协同合作、取长补短、联动合力、资源共享，避免重复性的产业资源建设，节省建设成本。比如，合理进行农村旅游项目开发、乡村文创产品开发、农产品加工产业提升、农业展览馆项目建设、传统手工艺研学项目、农业耕种养殖项目，以及深受年轻人喜爱的民宿、露营等项目的联合开发，借此充分调动农村土地资源、产业、商家、文化机构、各级学校等领域的资源共建，使文化创意产业链在农村经济发展中发挥更强的黏合性和经济附加值，有效提升农村的经济效益。具体表现在以下几个方面。

（一）整合农村资源，提升系统性表达；凸显个性识别，构建地域性特色

不同地域的农村都有其自身的地理条件、历史与文化资源。通过管理者和优质人才的合力，深入挖掘农村在地性特征和优势，剖析其不利因素和痛点，合理引进适合农村本土经济发展规律的产业资源，才能将现有资源与再生资源进行有效整合、开发和利用，搭建产业资源互动平台，并打造典型农村文化创意产业系统性品牌形象和表达，从视觉识别、品牌内涵和内核竞争力上构建整合形象，从而提升农村形象的传播力和吸引力，吸引更多优质资源和贤能志士服务当地的农村经济发展。在整合各类资源和形成整合形象的基础上，农村文化创意产业的管理层还应思考和探索如何在农村经济发展和乡村振兴战略实施过程中凸显自身农村个性化的识别度，用农村本土故事构建独特文化内涵和产业优势。首先，应从视觉符号的设计上强化视觉的个性化特色，发挥设计学、社会学以及心理学等学科的人才协同合作，将独特的农村文化要素植入农村 IP 形象设计、视觉识别和导视系统设计、农村景观改造风格构建、特色的文创产品、农产品等；其次，还可以依托本土特色的人文景观、传统建筑文化、饮食文化、民俗民风、传统手工艺等艺术形态强化农村自身独特艺术魅力、文化氛围和

社会影响力，精准开发极具本土文化内涵、审美个性化和市场竞争力的文化创意产品或品牌形象，打造具有鲜明地域特色的产业优势。

（二）创设持续循环，聚焦产业市场化；依托数字智慧，打造现代化农业

文创产品的供给关系与市场消费需求的匹配程度直接决定农村文创产业的融合成效。在实现产业间的共振联动后，产业之间的良性循环、与市场需求形成可持续发展的关系成为衡量产业融合的有效标准。作为管理者应深入分析和聚焦文化创意产业的落地性，注重农村产业的市场规律分析，研究适应市场需求的可持续发展的文化创意产业链，充分地进行市场需求分析、消费者心理分析、市场调查与反馈以及适应农村当地的营销技巧研究，适时调整产业或产品开发与创新的思路及发展方向，使农村产业或产品具备应对多元化的市场需求特性，最终实现农村资源、产业和市场和谐共存的可持续发展目标。数字技术的迅猛发展，为农业文化创意产业依托数字技术的赋能，打造现代化农业形态提供了可能。

借助互联网思维、大数据以及人工智能等新兴领域技术，可以有效服务于产业创新发展，例如，通过信息交互技术搭建农村文化创意产品的数字平台，实现消费者与产品的互动和数字化消费体验；还可通过数字虚拟技术为农村旅游景点、农村展览馆以及非遗文化艺术形态搭建沉浸式体验空间，与实体空间进行资源互补，使消费者得到真实和多元化的体验感，从而构建数字内容产业和数字创意产业的资源再生，促进农村文化创意产业的数字化、智能化与国际化发展。

三、农村文化创意产业促进农业经济发展模式探索

农村文化创意产业类型主要包括农村的自然景观、历史场域、传统建筑等固态资源，农副产品、民俗节庆、传统手工艺等生态资源。将这些资源进行有机地组合和提炼，得以衍化出附加的产品与项目产业链，从而促进农业经济的全面发展。

这里提出两种模式。

（一）“在地资源+乡村旅游”的模式

该模式依托挖掘农村的自然生态景观、传统特色建筑、本土特色

农副产品、传统美食等在地性资源为基础，将历史资源与乡村旅游产业相融合，进行重新规划和活化，提升农村的基础设施与居住环境建设，以吸引近郊的游客。同时，注重与周边的城市或县区进行联动，从而拓展受众群体范围，促进当地经济的发展。该模式还可以充分发挥传统建筑等资源进行特色民宿等产业的发展，在不破坏农村传统遗存建筑格局的基础上，进行合理的修缮和保存。通过外部特征修复和内部结构改良，与自然景观联动，不仅可以实现特色民宿的开发和传统建筑文化的保护，吸引外来游客入住和旅游，还能改善当地百姓的居住环境，从而唤起外出务工人员的思乡情感，实现归乡进行农村建设。同时，还可以充分挖掘农村当地的农副产品和特色美食在受众旅游的过程中价值。依托家乡的味道构建乡村味觉体验，通过优质的设计师将本土特色饮食习惯、食材、烹饪手法和农副产品打造成特色文化品牌形象，吸引更多的受众来体味农村原汁原味的美食文化，增加餐饮经济的附加值。最后，还可依托本土特色的农村作物开发农耕种植、研学等活动和旅游、学习体验项目，基于农村不同时节的特色农作物作为产业核心，进行特色农耕项目、农作物种植、家畜家禽的领养与养殖等项目开发。同时，积极与教育机构进行协同合作，结合农作物相关知识的科普、展览游学等活动的开发，深化农村作物的经济价值和提升农村的经济效益。

（二）“文化资源+数字赋能”的模式

该模式主要依托本土手工艺、文化艺术样式等文化遗产传承，将文化要素的挖掘与现代数字技术融合，充分发挥数字文化遗产开发的优势，将文化遗产进行结构化设计，因地制宜建设一批有影响力的数字化展馆、博物馆等场所，开展科学有效的研学项目，使文化传承的学生主体通过沉浸式体验感受传统文化的感染力，唤起学生对传统文化的兴趣和热爱，从而强化师生的研究能力和对传统文化的理解力。同时，可以深入挖掘本土的民俗文化、节日庆典、风土人情等要素，充分展现本土的历史脉络、文化发展等具有地域识别度的文化展演，并科学合理地调度声、光、电等视听多维度感官的数字化技术推动原创性实景情景剧演出，生动还原农村的文化与生活，通过原生文化资源和再生文化资源的结合对民俗文化进行延续，既传承了民俗文化，深化了传统文化的艺术群体，激发了这些艺术群体对民俗文化的热爱，同时也可以增加该群体和文化产业的经济收益。除此之外，还可以充分挖掘当地原生态的特色地域资源构建艺术创作空间，强调农村本土的特色地域与艺术创作进行有机结合，在政府和艺术团体的规划及配合下，开展摄影、绘画和设计采风等艺术创作活动，创建艺术实践基地和数字艺术展馆，充分利用闲置的空间产生经济效益，从而打响特色文化品牌，吸引专业人士进行艺术创作，同时，带动更多的受众参与活动，推动当地的产业振兴。

总之，大力推进乡村振兴战略的实施，必须充分发挥农村文化创意产业的功能和核心竞争力。通过创新产业形态，凝聚文化、创意和科技等优势资源，发展农村文化创意产业，为农业产业升级提供了新方向，为农民增收提供了新途径，为农村经济发展提供了新动能，从而加快打造现代化农业新业态，提升农村经济的发展水平，助力乡村振兴战略目标的实现。

陕西：乡村振兴战略下陕西红色文化创意产品设计

一、红色文创的发展对于乡村振兴战略的重要意义

（一）文创能增加旅游产业的附加值

优秀的文化加上优秀的设计，大大地增加了产品附加值，用优秀的红色文创去驱动红色旅游服务业，不仅能营造更好的体验，还可以更加容易地学习红色文化，从而极大地促进产业的发展，带动经济，推广人们对红色文化的进一步了解，旅游业的发展，同时，也会带动文创产品行业的蓬勃发展，旅游产业链上也会附加上巨大的经济文化价值。乡村振兴战略已经是我国发展的重点目标，作为红色文化更是有精神和政策的双加持，把地方优秀独特的红色文化创意点融入到产品中，特别是红文旅文化产业结合不仅能弘扬优秀的红色文化，还能促进区域经济发展，建立新产业。开发以红色文化为基础的文创产

品，无论是在经济上还是文化上的积极影响都是可观的。

（二）文创是传播红色文化的重要载体

我国的红色革命历时长久，范围广泛，深受人民爱戴，在不同的地区有着不同的革命特色，革命故事，革命精神。因此，发展各地区城乡建设，通过设计与当地红色革命精神、地方文化、经济建设等相融合，立足于此，向着更好的方向发展，不仅有利于避免当前地区发展出现的文化“趋同化”问题，也能更好地通过文创产品这个重要载体进行文化输出。

将设计带入到经济、文化、生活等多个领域，对带动乡村振兴具有重大推动作用。

二、陕西红色文化精髓

红色文化精神是中国共产党党员、广大人民群众、海内外革命同胞在长期的革命斗争和实践中所形成的文化，蕴含着巨大的精神力量，是中华人民的宝贵财富，是我国文化宝库中是形成时间短暂却无比璀璨的一种。是20世纪中华英雄儿女打败帝国主义，推翻封建统治，克服种种困难，实现民族解放与独立，以及随着社会主义现代化的建设形成的文化现象。

1921年，中国共产党在这内忧外患的半殖民地半封建社会的危急关头成立。之后在陕西相继成立了共产主义青年团组织、陕西党组织。

因此，陕西党组织发展起来，领导人民在三秦大地上开展了反官僚、反帝国主义，反封建主义、国民大革命的斗争。土地革命后期，在陕西的关中和陕北地区创建了著名的西北革命根据地，为革命的胜利作出了巨大贡献。在抗日战争时期，中国革命的总指挥部扎根于陕北，共产党人集聚于此，带领着全国人民夜以继日地战斗。之后，党组织建立了陕甘宁抗日根据地，并且在革命的过程中，形成了延安精神。在解放战争时期，中国共产党转战陕北，是革命胜利的重要节点。人民解放军又进行了一系列的战役，解放战争在陕西取得胜利。在中国共产党的领导下，人民革命斗争的胜利为三秦大地的历史上留下了浓墨重彩的一笔，也留下了极为丰富的红色文化资源，陕西红色文化精神与陕西本土文化精神特征结合。目前，陕西省本土大部分设计力量集中于秦汉唐历史文化创新，秦汉唐的文化享誉全国各地。虽然红色文化创意产品在本地的创新、种类、质量等都相对薄弱，但是，红色文化背后的时代精神、时代特征、现代民族精神同样意义非凡，是潜移默化的宝贵精神产物，在大众心里具有一定影响力。陕西是革命重地，有着璀璨的革命史，同时，陕西也是最具历史文化底蕴的省份之一，西安在历史上曾是十三朝古都。文创产品在陕西文化的传播过程中有着深刻的意义。陕西省红色文化精神是老一辈革命家在这三秦大地上实践出来的，他们被这片土地滋养，所产生的红色文化精神也一定带着陕西省本土形象特征，有着其独特的地域性、文化性。

三、乡村振兴战略背景下陕西红色文创产品设计路径分析

在《中共中央、国务院关于做好 2022 年全面推进乡村振兴重点工作的意见》提出，可以从创意设计、美术产业、手工艺等 8 个重点领域赋能乡村振兴。文创产品作为准精神产品，其最重要的就是其背后的精神文化内涵，而在近现代中国、最有价值、最有内涵的文化精神，莫过于红色文化精神，开发红色文创产品不仅能弘扬优秀的红色文化，而且能够促进经济的增长。红色文创为乡村振兴战略提供了文化和经济上的双重助力，而乡村振兴战略又为红色文创产品的开发提供了优越的发展条件。

（一）红色文创产品的叙事设计方法运用

陕西红色文化具有很深的底蕴，精神、实体资源都极为丰富，用叙事性的设计方法能够更加深刻地对陕西红色文化进行开发，增强文创产品的情感表达。叙事性设计关注的重点是“事”的主题、情节和叙“事”的方法，主题即是产品讲述了什么故事，反映了什么主题，而叙事方式包括了本能表述、行为表述和反思表述。叙事设计本质是在满足产品的基本功能的前提下，用设计与用户交流的方式来与用户本身的经验、感受相呼应，达到传播文化内涵的目的。

1. 确定叙事主题

主题是叙事设计的核心，叙事设计自始至终为主题服务。文创产品作为准精神产品，作为文化的显性符号，其最重要的就是其背后的精神文化内涵，红色文创产品与一般的文创产品不同，其背后的红色文化精神是独特的，在近百年的中国历史中，最有价值、最有内涵的文化精神，莫过于红色文化精神。因此，在设计陕西红色文化创意产品时，应当充分理解红色文化精神与资源，找准叙事主题，开发具有陕西特色的红色人文精神与特点的产品。

2. 确定表述层次

在确定叙事主题的基础上，就要考虑如何表述主题以及表述主题的层次，相关学者将表述层次总结为：本能表述、行为表述和反思表述。本能表述即对产品的基本属性进行表述，例如造型，结构，材料工艺，颜色等设计，使用户在视觉上就能理解和产品所要表达的主题。行为表述，顾名思义，需要在产品与用户的交互操作中发生，其是对产品的功能，操作方式等方面的设计，使用户在交互中感受到产品的叙事主题故事。反思表述是指用户在使用产品的过程中，产生一定的思考，例如在使用红色文创产品的过程中学习理解了红色文化精神。这三个层次在同一个产品上不一定非要全部具有，但至少有其一，在设计时可根据具体情况来进行层次设计。

3. 设计情节

情节是表达主题的关键，其能够影响用户对主题理解的深度。在电影中，我们经常会被跌宕起伏的情节所吸引，它富含很多的趣味，经常突然给人惊喜。在产品设计的情节中我们可以同样如此。

4. 叙事目的实现

产品的最终目的是满足其在被设计时的需求即实现叙事目的，对于红色文创产品即是使用户在使用产品的体验与服务的过程中，领悟到陕西红色文化的真谛、内涵，从而达到情感共鸣。

目前，已有一些优秀的设计案例。“到延安去”系列文创产品，是以延安的标志建筑物、文化、风景等形象展开原画设计，具有很高的审美性，庄重的历史，在设计的加工下变得“平易近人”，并融洽地应用到日用产品之中，同时，满足了人民的审美，功能和文化需求。

近几年，国民健康越来越受到人们的重视，而健康可以很容易跟革命事业联系在一起。《红宝乳》是由梁家河红枣和“三元牛奶”联合研发而成，将传统的农副产品和传统饮料结合在一起，并且加入红色元素，很容易被大众接受。

（二）充分挖掘利用文物及资源

基于互联网时代的加持打造 IP 形象。根据调查可知，陕西省现有固定的革命文物 1 200 余处，各类革命纪念馆 50 余座，其具有分布广泛、底蕴深厚、标识性强等特点。文创产品的设计很大程度依托于实体文物资源，或依托于文物外形形态延伸出具有功能性的产品，或依托于文物的文化寓意，精神特征延伸出 IP 形象，无论是从“形”还是从“神”出发，都能够作为文创产品的基础。目前，在陕西红色文创的 IP 形象并不多，令人印象深刻的更是少之又少，因此，扩宽文创产品设计道路，打造成功的 IP 形象，抓住产品内涵，注重产品意义本质。以互联网为关键渠道，在互联网上迅速推广自己的 IP 形象，能够加速文创产品的成功。

延安的“红宝”IP 形象，“红”字代表着红军，革命、圣地、文化等中国独有的红色文化，“宝”字代表革命精神的精髓，形象可爱亲民，造型比例好看，分别来源于八路军男性形象、女性形象、延安劳动人民形象。借鉴故宫文创：麟趾岁时拼插书立灯则是从“形”和“神”两个方面出发，其基本设计元素来源于紫禁城建筑和故宫典藏的祥瑞图案，如麒麟、仙鹤、玉兔等。设计祥瑞动物与紫禁城景色交融，采用解构与重建方式，运用错落有致的造景手法，立体化呈现一番祥瑞景象。

（三）挖掘深层次需求，营造“文创+体验”

在体验经济的时代下，人们不再简单地满足于功能需求，而开始关注更高层次的需要。而文创设计的出发点也要开始从基本需求到情感、体验、文化精神等方面，从而达到吸引客户的目的，可以预见的是这将是当今经济时代下文创产品的发展方向。设计师或公司团队在设计阶段应该在各个环节全方位挖掘客户需求，包括客户基本属性(如性别、年龄、职业、等)、审美喜好（如颜色、风格、造型等)、购买习惯（如购买方式、频率、价格)、使用场景等多个角度。将人们的感官需要、文化需要、精神需要融入到具体、可感、可视的文创产品中一定能使产品深入人心，激起客户的购买欲望。同时借助于物联网、互联网、大数据、云计算、3D 打印、虚拟现实等前沿科技，红色文创产品在保证产品文化内涵和创意含量上，可以不局限于实际产品，它可以是一套系统，一种交互模式，例如，App 应用、动画作品、游戏娱乐、数字影音、虚拟现实交互等基于数字技术的文化产品，增强用户的亲身体验感受文化。接着再利用博客、公众号、移动终端等新媒体渠道去精选大规模且快速地宣传，不断创新文创产品的内容和形式。新媒体渠道还可以很快速地获取用户反馈，增进了设计师与用户的对话机会，以此获取手机用户的反馈，然后加以改善，从而创造更好的用户体验。

既具有文化精神底蕴，又含有很高的科学技术，还有很高的实用价值的红色文创产品是未来发展趋势。保持敏感，关注最新的科技趋势，将科技运用到文创中，推动红色文化与现代技术相融合，实现经济效益与社会文化效益相统一，未来，“文创+服务体验”是一大趋势。

四、陕西红色文化创意产品设计实践

基于陕西省红色文化的创新方法，笔者以延安革命纪念馆、杨家岭枣园革命基地、宝塔山景区为陕西红色文化创意产品设计基底，陕北红色腰鼓文化、陕西剪纸文化为融合，进行陕西红色文化创意产品设计实践及分析。

（一）“延安延安”红色文化插画及系列文创产品设计

延安革命纪念馆位于陕西省延安市宝塔区，为国家 5A 级景区。整个纪念馆外观朴素大方，结构紧凑，高大宏伟，具有传统的民族风格。建于 1950 年 1 月，是中华人民共和国成立后的第一个革命博物馆，记录和承载着宝贵的延安革命精神。将陕西省红色文创的创新路径与方法融入到延安革命纪念馆红色文化资源中，运用上文中以红色文化精神核心为基础的设计理念，基于延安革命纪念馆红色文化资源、目标用户的多层次需求，设计出“延安延安”红色文化创意插画以及“延安延安”红色文化插画系列文化创意产品。插画以延安革命纪念馆为主题，向目标用户传达延安革命精、革命传统，浓缩一个时代缩影，赓续红色血脉。

文创产品整体形式上采用多重元素围绕主题方式设计，引导用户在关注延安革命纪念馆的同时接触到更多具有红色文化力量的元素，在使用过程中达到一定思想传播教育作用，也更好地留下联想与回忆，使使用者有更好的使用体验感和意义感。从延安革命纪念馆红色文化资源中挖掘出毛泽东雕像和延安革命纪念馆建筑为主要突出主题元素，筛选出党旗、宝塔山景区、延安大桥、山丹丹花、和平鸽等特色元素，通过特色元素围绕主题元素、创意化抽象化背景等方式，营造包围式视觉中心点，将画面聚焦在延安革命纪念馆和毛泽东雕像，以鲜艳明快的色彩和简洁抽象的元素风格化宝塔山风景区，用于背景。最终形成“延安延安”红色文化创意插画，用以进行红色文化及革命精神传达。

经调查现购买用户趋于年轻化，以18~45岁的青年人居多，且消费人群更重视文创产品的实用性、使用性和价值性。“延安延安”红色文化文创产品采用多重元素围绕主题方式设计，引导用户在关注延安革命纪念馆的同时接触到更多具有红色文化力量的元素，在使用过程中达到思想传播教育作用，给用户留下更好的联想与回忆，使用户有更好的使用体验感和意义感。

（二）陕北红色安塞腰鼓系列文创产品

安塞腰鼓是一种非常独特的民间大型舞蹈艺术形式。在黄土地上舞蹈着舞蹈动作粗犷豪迈，舞风雄浑壮阔，体现了陕北人民的朴实且勇猛的性格。安塞腰鼓在古代是用来传递军情和增长士气，表达喜悦和丰收之情。密集的击鼓声，强劲有力的步伐，多变的舞阵，雄浑壮阔的呐喊，尽显豪迈之美。加之陕北革命红色文化背景，创造出以安塞腰鼓为基底，红色文化资源为底蕴的结合文化创意产品设计。

陕北安塞腰鼓系列红色文化创意产品首先创造出“陕红安塞”插画，在插画基础上进行红色文化创意产品设计。“陕红安塞”系列插画分为三系列，主题是陕北安塞人民进行腰鼓舞蹈，并赋以红色文化元素内涵：红日形象、和平鸽。设计中融入陕北当地民俗文化皮影戏及陕西省花百合花形象。使消费者在使用中感受到更多的纪念性意义，对陕北民俗特色和红色文化进行推广，也利用用户对陕北民俗的理解引发对文化更深入的感知，陕北红色文化内涵也由此体现。

（三）陕西剪纸风格红色文化系列设计

陕西剪纸艺术是历史最悠久的中国传统民间艺术表现形式之一。陕西省由南到北，尤其是在陕北，大街小巷都可以看到各种各样的剪纸。古朴的造型，粗犷的风格，有趣的寓意、丰富的形态，精致的做工，在陕西乃至我国的传统民俗艺术中有着非常重要的地位。

陕西剪纸红色文化系列设计是寄托剪纸形式进行红色文化元素创作，“剪纸印象”红色文化设计将宝塔山、杨家岭革命基地、枣园革命基地、延安革命纪念馆和传统剪纸扇形纹、传统剪纸树纹、窑洞纹样结合。

湘西土家：乡村振兴视域下织锦文化创意产业发展

一、湘西土家织锦文化创意产业发展

自2006年正式公布第一批国家非遗项目至今，在政府对文化产业、非物质文化遗产的重视和政策支持下，目前湘西地区已有“湘西民族文化园景区”“湘西非物质文化遗产园”等产业园区。在此背景下，湘西土家织锦文化创意产品已经走向市场，产品种类也在扩大，作品被送往美国、日本、英国和法国等地展出，为祖国争得了多项荣誉，同时产量也逐年增加，可以说湘西土家织锦已具备一定的市场前景和发展动力。尽管如此，湘西土家织锦文化创意产业的形成仍处于雏形阶段。

二、乡村振兴视域下湘西土家织锦文化创意产业发展的路径措施

（一）强化品牌意识主导产业

提到故宫，除了故宫博物院外，故宫文创品牌家喻户晓。该品牌具有很强的经济效益及教育意义，据统计，2017 年故宫文创产品收入已达 17 亿元，2018 年举办了 6 万多场教育活动。故宫文创的品牌传播具有四大成功之处，分别为品牌定位清晰、品牌知名度高、内容精确、品牌互动有效。较高的品牌知名度是故宫文创品牌传播最为明显的成功之处。所以，品牌知名度是消费者品牌决策的前提。

关于湘西土家织锦的知名品牌寥寥无几。要积极树立非遗传承人、企业创始人、工作室负责人的品牌观念及品牌意识，使他们深刻地理解品牌带来的价值与影响力。好的品牌是核心竞争力的重要组成部分，坚持在政府政策引导下，联动各区域织锦企业、作坊协同合作，形成良好的区域品牌形象，通过品牌间跨界合作来提升市场关注度和吸引力。

通过土家织锦优秀文创品牌构建，可以使文创企业内部协调统一化，引导土家织锦文化创意产业正规化、规模化、市场化，朝着“先进”的方向发展，从而发挥品牌引领功能，为湘西地区的乡村振兴工作找到突破口、打开新局面。将品牌构建和乡村振兴结合，不仅能整合资源、提高效率，也为品牌构建提供了更多路径选择。

（二）强化产业跨界融合

土家织锦文化创意产业发展应以土家织锦“技艺文化”为产业核心驱动力，深挖土家织锦“技艺文化”内涵，整合湘西地域文化、文化创意旅游、民族特色文创产品及本地区其他非遗资源，以“技艺文化”提升旅游产业、文创产业方面的文化内涵，辅助以科技创新为技术手段，优化文化创意产业结构，使各产业边界模糊化，跨界融合创造新产品、新业态。这种发展模式为土家织锦文化创意产业的延伸模式，有利于资源集中化及联动化。促进各产业融合发展的同时可以促进湘西地区经济发展，又可以形成经济反哺织锦文化创意产业发展的良性循环。结合乡村振兴战略的总体布局要求，实现传统文化与现代

化需求的结合，打造乡风文明建设的文化名片，为乡村振兴发展夯实基础。

（三）强化人才引进与培养

2021年2月23日，中共中央办公厅、国务院办公厅印发了《关于加快推进乡村人才振兴的意见》，意见指出：乡村振兴，关键在人。新产业、新业态、新模式不断涌现，对全面推进乡村振兴所需人才数量、质量提出更高要求。

湘西土家织锦文化创意产业的发展离不开人才队伍的建设。首先，培育文创产品设计人才。联合高等院校、创意设计机构、龙头企业等，开办文创设计人才示范培训班，提升文创产品设计人员的审美和设计能力，打造土家织锦人才孵化基地。培育和壮大织锦技艺人才队伍的同时，使土家织锦的传承发展建立良性循环。其次，引进文创产品设计、经营及管理人才。通过人才引进、网上招聘、进入高校定向培养等方式将文创产品设计类人才、经营人才及高级管理人才“请进来”，鼓励企业相关人员“走出去”进行专业培养、跟班学习。

（四）强化数字化技术融入

随着互联网、物联网、大数据、5G等数字技术的到来，国家鼓励数字化技术与社会力量的合作。湘西土家织锦文化创意产业在原有文化资源的基础上，融入新技术、新手段，向数字化、智慧化方向发展，同时可以推进乡村振兴战略实施。

打造土家织锦原创IP形象，将其IP形象结合创意题材运用到数字影视、数字游戏、数字动漫等不同领域中，使原创IP持久旺盛地存在于人们脑海中；利用大数据、云计算、物联网等数字化平台计算和推动产品研发、生产及销售，减少不必要的消耗；利用数字体验平台、新兴媒介、数字艺术展示等加大产业文化的对外传播，增加织锦文化创意产业知名度，打开市场。通过数字化技术驱动为湘西土家织锦文化创意产业作出新尝试、新试探，形成产业生态圈。

（五）加强政府主导作用

在推动文化创意产业和乡村振兴战略实施中，要各级政府切实重视起来，加强领导，统筹协调，形成合力，是社会各级、各界积极参与以及开展相关工作的前提，是非常关键的环节。上文中所述的乡村振兴背景下织锦文化创意产业发展的实施路径措施都离不开政府主导，社会各界参与。

乡村振兴背景下，湘西土家织锦文化创意产业要持续发展，财政投入、宣传动员、平台搭建、资金扶持、市场监管等方面都需要政府调控及社会各方面的助力。国家政策支撑下，学习部分发达国家，在高等院校创建文化创意产业相关专业，培养规范的专业人才及完善的学科知识体系，并实施政策优惠，加强人才引进计划；政府促进土家织锦文化走进学校，学生时代就接触民族文化，深入了解传统文化；税务部门为土家织锦企业制定税收优惠政策，解决织锦企业资金困难等现状。

三、乡村振兴视域下湘西土家织锦文化创意企业发展实施路径

湖南省内有张家界乖幺妹土家织锦开发有限公司、龙山阿达土家织锦研发有限公司、芙蓉镇土家民族织锦厂等专门从事土家织锦相关业务的企业，业务涵盖土家织锦传统产品的研发设计、现代应用、文化转化、文化创意设计及生产加工等。在乡村振兴视域下，湘西土家织锦文化创意产业要发展，其龙头企业的发展实施路径尤为重要。

（一）积极构建文化创意品牌

作为非遗文创品牌构建，可以借鉴故宫文创、敦煌文创等超级“IP”的成功经验，将品牌赋能文化属性，对其“技艺文化”属性深入挖掘，使其构建的文创品牌更具有文化底蕴，同时区别于其他文创品牌；清晰品牌定位，创建较好的品牌口碑及信用度，经调研统计，湘西周边景区游客年龄分布在20~45岁，游客群体分为三大类：年轻游客群、家庭亲子游客群以及单位员工组成的游客群，根据这三大类目标消费群体进行文创产品研发，包括针对年轻人研发当下流行的盲盒、彩妆等物质载体的土家织锦文创产品，研发针对亲子家庭的手工趣味性产品，针对单位员工的标准产品体系等；品牌之间跨界合作，如与湖南本省茶颜悦色、文和友等品牌跨界合作，打开市场；对土家织锦文创品牌进行营销推广，通过线上互联网平台、线下开设织锦工

艺体验馆、讲座、设计大赛、展览等方式，打开品牌的知名度。

（二）企业引领，实现文旅融合

文旅融合强调文化是灵魂，旅游是载体，产业是方向。文化和旅游的融合，会形成“1+1>2”的强大格局，不仅可以提升旅游产业的文化内涵品质，增强客流，还可以使旅游产业“反哺”文化产业，整合乡村文化资源，以旅游为载体融入文化内涵，使当地文化产业得到发展和推广。

湘西土家织锦“技艺文化”是湘西地区宝贵的文化资源，随着国家政策的支持，来湘西旅游的游客逐渐增多，消费群体也在扩大。首先，在政府政策支持下，由织锦龙头企业带头，吸纳周边小工作室、小品牌，在形成良好的区域品牌形象的基础上，开发旅游新业态，打造湘西土家织锦文化创意产业小镇，将湘西地域文化融入到产业中去。其次，企业应增加方便携带且有地域特色的旅游文创产品种类，将文创产品结构化升级，既丰富了文化创意产品的种类，又增加湘西地区旅游产业的内涵，同时，为湘西土家织锦传承人群及文化创意产业搭建更为广阔的平台与发展机遇。坚持以龙头企业引领，将湘西地区地域文化、土家织锦文化、旅游产业深度融合在一起，促进湘西土家织锦文化创意产业发展形成，加快湘西地区社会、文化、经济发展，进而助力乡村振兴效能不断提升。

（三）校企合作实现共赢

为摆脱土家织锦企业人才质量不高及人才匮乏的局面，织锦龙头企业应主动与高校、科研院所等机构交流合作，突破发展瓶颈。

与湘西地区学校如吉首大学、怀化学院等高校合作，成立土家织锦文化创意产业研究所，为土家织锦文化创意产业提供理论支撑；建设校内产学研协同创新实训基地，使教学场地在校内与织锦企业之间切换，学生直接在织锦企业中学习创新技能，学校为织锦文化创意产业及织锦企业输送设计类、管理类等专业人才，帮助学生对口就业，打造土家织锦企业人才孵化基地；学校定期开展湘西土家织锦培训班，将高校教师“请进来”对“新”“老”传承人、企业员工在文化素养、创意研发、市场营销等方面进行专业学习及培训；选派学校教师到企业进行实习锻炼，增加实践教学经验并参与企业文创产品研发。

（四）互联网赋能织锦企业

2019年底，5G技术挂牌商用，“全媒体”迎来了前所未有的发展空间。

龙头企业通过互联网技术及数据分析，可以实现精准定位目标用户群，可以根据消费者需求，利用VR或AR等技术选择虚拟互动体验，搭建织锦文创交互平台，使织锦文化更具有趣味性及互动性；同时，企业可以依托互联网平台售卖土家织锦文创产品，在淘宝、京东、拼多多等知名电商平台成立企业品牌旗舰店，通过乡村振兴直播、旗舰店售卖等方式，打开企业的知名度，增加产品的市场份额；在微博、抖音、小红书等社交、短视频平台注册企业官方账号，持续输出关于土家织锦传统纹样、技艺文化、文化创意及湘西地域文化等方面的内容，让更多年轻人关注织锦文化创意产业；企业研发湘西土家织锦专属App，实时更新织锦行业新品，设定文化专题栏目，用户可以通过专题板块深入了解土家织锦文化知识，在App中展示织锦产品的参数、价格、图片等信息，通过微博、抖音、微信等平台分享和传播，实现用户裂变式增长，进行变现。相比传统营销手段，以上所述利用互联网平台营销的手段成本更低。

金华市武义县履坦镇坛头村：文化创意产业融入未来乡村建设模式

2022年，金华市武义县履坦镇坛头村被列为浙江省首批100个未来乡村试点村之一，其核心为乡村建设要呈现主导产业兴旺发达，主体风貌美丽宜居，主题文化繁荣兴盛，如今的坛头村在这三大方面已经铺垫了良好的基础，在成为国家3A级景区和浙江省首批传统村落后，坛头村引进了首个文旅企业“田庐”。田庐文创园的入驻，使坛头村逐渐形成了独具特色的“湿地生态+文化创意产业”体系，成为文旅结合的产业高地。这里以实地深入调研坛头村为案例支撑，聚焦金华市未来乡村建设的推进，探索文化创意产业融入未来乡村建设并助力乡村发展的更多可能性。

一、坛头村文化创意产业融入乡村建设的实践

2017 年，坛头村开始招商引资，谋划未来的发展方向。在笔者的采访中，村干部表示，当时有许多客商想来租坛头村的老房子发展农家乐、商业古镇等，但在村政府的多方考察与甄选后，认为将文化创意产业融入乡村建设，走艺术乡村建设的道路是最适合坛头村的村情，也是最有发展潜力的一条道路，于是引入了田庐文创园。对年久失修的古建筑进行统一的墙体加固、立面改造、顶瓦修补等修缮保护工作，最大程度地保留建筑原始风貌，并陆续加入民宿、餐饮、会务、艺术交流、展厅、茶艺和书吧等文旅业态，引进多家文企单位，不但使坛头村成了远近闻名的乡村文化会客厅，还吸引了大批文人雅士前来，为坛头、田庐和武义留下精彩的文化艺术作品，成为八婺文人汇聚的文艺胜地。

坛头村现存的婺州窑旧址经过修复重新开始烧制窑器，引入婺州窑传承人陈金生工作室，创立窑瓷展示馆与烧窑体验中心，在传承精美工艺与发扬婺州窑文化的基础上进行创新实践，成为坛头村一个重要的文化符号；安徽诗人雪鹰通过一场诗歌颁奖活动走进了坛头，成为“驻村诗人”，引入长淮诗社，与多方合作筹建中国当代诗人档案馆，作为诗歌研讨、诗歌教育与传播的基地；湖南工笔画家王唯，从学画起就崇拜武义工笔画大师潘絜兹，也入驻了田庐文创园，创办了工笔画艺术馆，展示、传承、发扬工笔画艺术，开展工笔画培训与工笔画讲座等；武义本地民俗画家朱志强在坛头创建了民俗画艺术馆，将武义特色的农耕民俗文化与节日礼仪在画纸上复活与传承。

自此，田庐文化创意产业飞速发展，加快了坛头村文化事业的建设进程，其社会效益也在不断地扩大，得到了上级领导和社会各界的关注与肯定，成为武义乡村振兴、文旅融合、共同富裕的示范点。坛头村依托交通、生态与文化优势，发展独具特色的“湿地生态+文化创意产业”体系，集旅游观光、生态宣传、文化创作和科普教育于一体，传承发扬当地人文非遗，带动文旅融合发展，从而带动乡村

振兴。

二、坛头村面临的机遇与挑战

坛头村列入首批未来乡村建设试点村既是机遇，也是挑战，村干部在接受采访中表示，对于未来乡村的后续发展方向仍不太明朗。坛头村的文旅融合之路虽已小有成效，但道路仍然漫长。旅游产业与文化创意产业在发展模式和结构上存在探索空间，需要多层次、多方位地进行科学系统地整合，从而实现文旅融合的良性可持续发展。如何在现有的基础上推陈出新，如何叠加后续业态以满足村民与游客的需求，如何使乡村文化创意产业相关的各项投入与产生的经济效益成正比，推动村集体经济再增长，面对以上种种困难与挑战，村领导班子仍是任重道远。

人才的缺失成为当前坛头乡村建设与田庐文创园后续发展面临的困难之一。田庐专职青年工作人员仅有6人，且大多身兼数职，笔者采访了田庐民宿管家，管家表示，自己除了负责联络线上线下的访客与入住等相关事宜外，还负责室内花艺装饰、活动拍照记录、活动策划与布置等。虽然工作内容比较繁杂，但是，能充分发挥自己的创造力和想象力，体现自己的价值，还能开拓视野，提升文化素养。而谈到不足时，管家表示田庐很难招聘到合适的人才，尤其是与文化创意产业相关的人才。当下的年轻人若非有人文情怀的支撑，是不愿意来到乡村的，而有理想、想创业的青年文创群体，在乡村难以得到经济上的支持。

文化创意产业的核心在于创造性，而创造性的主体就是创意人才，创意人才需要一定的文化底蕴与现代化思维，需要复合型的知识结构体系和与时俱进的可持续发展观，将文化、美学、艺术设计、材料和科学技术等知识综合考虑，未来乡村充满无限可能，恰恰可以成为创意人才施展的舞台。

目前，已经入驻坛头村的文创企业与创业者之间，企业与村领导班子、村民之间，经常会存在意见不合、沟通困难的问题，在很多想法与观念上很难协调统一。村民是乡村振兴的主体，坛头村始终以村民为核心，村内的改造与重建工程都充分尊重了村民的意愿，维护了村民的根本利益。乡村振兴产生的巨大成效也带给村民更好的居住环境与人文环境，村民的生活水平基本都在大幅提升中。但是，坛头村内人口结构依然以中老年人为主，村民虽然耳濡目染了田庐的文化创意产业建设，但个人的知识水平与文化素养很难提升，村内举办的各类文化创意活动，也基本没有当地村民的参与。在坛头村未来的乡村建设中，该如何更好地吸引村民、融合村民，从村民的角度出发，激发村民的主人翁意识，带动更多村民自发地参与到乡村的文化创意活动中，也需要集思广益，吸取社会各界专业人士的对策与建议，找到一条最适合坛头村未来发展的正确道路。

三、金华市未来乡村文化建设的对策建议

（一）促进文创产业与旅游产业的协同发展

每个乡村都有自己独特的历史文化底蕴与内涵，而文化创意产业为乡村提供了创新的平台与新的发展机遇。《关于推动文化产业赋能乡村振兴的意见》中提出，推动相关文化业态与乡村旅游深度融合，促进文化消费与旅游消费有机结合，培育文旅融合新业态、新模式。提出实施乡村旅游艺术提升行动，培育乡村非物质文化遗产旅游体验基地，全面推进“创意下乡”。

金华是中国十佳宜居城市之一，也是全国闻名的旅游城市，旅游文化产业作为金华的支柱产业之一，相较于其他省市，在文化创意产业的融入上更具优势。对于金华的未来乡村建设，更应通过文化创意升华旅游体验与旅游内容的深度，再通过旅游体验作为文化传播衍生发展的载体，从而实现文创产业与旅游产业的协同发展。在未来乡村的文化建设中，着重对金华乡村的古老传说、建筑遗存、工艺服饰、民俗风情和饮食文化等一系列的文化元素进行提炼、重组以及再开发，融入旅游产业、产品设计、招商引资当中，寻求文创设计与特色文化的平衡点，实现文创产品内在文化价值的完美展示，形成一条特色文化创意产业链。还能融入现代新科技新技术，以新艺术形态展示、重新定义和发现传统文化的价值，更有利于乡村特色的创新性表达，实现乡村文化的持续性发展与传承，更好地带动乡村经济自主

发展。

（二）创新文创产品设计，打造特色乡村文创产品品牌

目前，我国的文化创意产业虽然有良好的发展势头，但市面上的文创产品设计普遍存在同质化严重、创意单一、开发层次与实用价值低、价格虚高等问题，将单一相同的文化元素印在手机壳、雨伞、笔记本和杯子上标榜原创，失去了文创产品本身的意义。乡村文创产品的开发要充分挖掘当地文化特色，突出其时代性和文化性及精神性，立足当地实际情况与时代审美发展的潮流，找到创意产品与特色文化之间的平衡点，实现文创产品内在文化价值的完美展示。在乡村文创产品的创新中，除了深挖当地的历史文化脉络，还应注重与当地村民的日常生活、生产劳作相结合，融入故事性的内容表达，体现村民的集体记忆，加强与受众之间的情绪互动，满足受众的情感需求，引发共鸣，设计出有温度、有故事的产品，真正实现文化创意与乡村特色的结合。

未来乡村文化建设必须要增强品牌意识，品牌作为文化创意设计的载体，是未来乡村文化创新以及创意产品设计理念的重要体现，品牌建设能让乡村文创产品走得更远，赋予产品更多的附加值，扩大市场与消费人群，带来经济效益。乡村文创产品的品牌构建更应注重因地制宜，充分结合当地风土人情，从品牌标志、理念、视觉系统、包装、服务等多方面进行创新，将优质的乡村文创产品加以包装打造，通过品牌推向市场。还可以根据村情，延伸乡村上下游产业链，比如在村中建立文创空间、品牌工作室与产品加工点，不但可以使产品设计与材料加工制作一体化、规模化、制度化，还可以增加许多就业机会，使村民参与到自己乡村文创产品与品牌的建设中，为乡村文化建设贡献力量。并通过新媒体的手段，借助互联网的平台进行个性化营销，从当地出发，做好统筹整合的创意工作，讲述产品背后的故事与文化价值，与受众形成良好的互动，接受各方的反馈。

（三）推动乡村文化创意产业与教育相融合，培养复合型创意人才

乡村的田地除了本身的生产价值，还应具有耕读文化教育的价值。新时代城市长大的孩子从未接触过农田，五谷不分，对农作物的种植与

生长规律一无所知，从长远的角度看，实质上是应试教育的弊端与成长的缺失。未来乡村的文化建设中可以将部分农田与学校联合设立耕读文化与生态科普基地，设置劳动课、观赏课、研学游等，在不破坏原有土地性质的基础上将乡村田地课堂化，将山水湖泊作为课堂的背景，结合信息化、智能化技术，以实景、实操的方式进行最直观的教学，实现校企村三方联合。使学生在付出劳动的同时学习耕种的流程，认识农作物，体会粮食的重要性与种植的艰辛，探索农耕文化的魅力，认识乡村生物的多样性，通过自身的感知更好地学习知识。在乡村开展丰富多彩的研学与文化活动，不但可以加强新时代学生劳动教育与环保教育，扭转缺失，使乡村农耕文化与生态文明得以宣扬和保护，还可以使学生充分发挥创造力与想象力，将课堂理论知识与户外实践活动相结合，为乡村文化创意产业的发展提供更多的可能性。

而长期的人才培养是保障文化创意产业可持续发展的核心要素，乡村文化建设所需的复合型创意人才的培养主体必然来自高校，高校为文创产业与乡村振兴培养相应的人才是时代发展的必然要求。古村是不可再生的宝贵文化资源，是民族文化复兴的重要源泉。各大高校可以与乡村联合开发相关实践调研课程，使学生在游玩中学习，在调研中感受，培养家乡情怀，增强民族文化认同感与文化自信，通过田野调查深入了解、传承和发扬本地优秀传统文化。搭建校企、校村、村企之间沟通交流与合作的平台，充分发挥古村落多元的文化与教育价值。其主要内容可以包含建筑文化、民俗文化、传统技艺和艺术审美等多个方面，结合高校系部的专业设置，帮助相关专业的高校师生与研究者全方位了解古村落的渊源与发展历程，进一步感受当地经济生产、生活方式、风俗习惯和历史文化等，提升个人道德品质与文化内涵，促进身心全面和谐发展。培养相关的高层次人才，为乡村文化建设出谋划策，对乡村文化资源进行更深入的挖掘与保护，形成良性的循环。

第五章 “农产品加工+科创”案例模式

农产品加工业属于一二三产业的融合产业，是实现农业供给侧结构性改革的关键点，对建设现代化农业，推进乡村振兴具有重要意义。在当前科技水平持续提升的背景下，科技创新在农产品加工业中凸显出强大的支撑作用，其贡献率不断攀升，各种创新技术与新型设备在农产品加工业中得到完美应用，科研成果转化率较高，促进了农产品加工业的可持续发展。

第一节 科技创新在农产品加工业发展中的作用

一、农产品加工业科技创新内涵

农产品加工业科技创新是农业科技创新的关键内容，以科技化、智能化与信息化技术推动农产品加工业的全过程机械化生产加工，以自主研发能力提升实现农产品加工的结构转型，有效提升国际市场竞争力。

科技创新主要包括原始创新、集成创新与引进创新等方面，原始创新指的是在原先关键技术设备的基础上进行更新升级，不断提升加工效率；引进创新指的是与具有先进技术设备的国外企业建立友好关系，通过引进最新加工设备进行知识消化吸收，结合我国农产品加工业的实际情况进行自主研发创新。就目前情况来看，我国应将主要力量集中在集成创新方面，围绕共性技术与重大农产品加工产业战略项目，有机融合各项关键技术，实现深加工、保险、冷链运输方面的关键技术突破，这也是解决发达国家垄断关键技术专利，实现自主创新发展的主要方法。从科技创新的行为主体上来看，农产品加工业的科技创新除了需要实现关键技术突破之外，还应该结合我国农产品加工业的实际情况实现管理、机制与制度等方面的创新，统一检测标准，保障农产品加工整体安全质量。

二、实现农产品加工业创新发展

农业是我国的支柱产业，农产品加工是在农业的基础上发展的，面对当前不稳定的国际贸易环境，需要农产品加工业开展技术创新，提升产品附加值，提高加工效率，从而实现产业结构的持续优化。科技创新在此领域中的应用可以实现加工技术突破。首先，在农产品精加工与绿色供应链产业化发展等方面，依靠自主制造的核心设备，提高制粉、榨油与屠宰效率，有效降低产后损失。以粮油产业为例，在利用自主研发的榨油设备之后，大宗粮油产后损失不断降低，目前，维持在5%左右，有效提升了经济效益，减少了成本投入。另外，科技创新能力的不断提升，使农产品加工逐渐向智能化与无人化的方向转变，有效提升了农产品的附加值，提供精准营销，满足客户的个性化需求。当前，各种农产品加工中有多项科研成果，主要体现在粮食储存运输、干燥加工、畜禽宰后处理和茶叶工业等领域，实现了农产品的高价值利用和高额增收。科技创新的应用有效提升了农产品加工的质量，使安全水平大幅提高，产业的高速发展推动产品检测与相关法规的完善，为农产品加工业的高质量发展保驾护航。

三、实现产业融合发展

科技创新在农产品加工业中的应用，推动了一系列农业产业的融合发展。农产品加工所涉及领域较多，包括农业、工业与服务业等，各个行业之间融合交叉形成了绿色产业链，推动了其他产业升级发展。例如，农产品加工基地、运输行业、生态旅游、农事体验及风俗文化等，这些新业态、新模式的形成都建立在农产品加工业高速发展的基础上，形式多样化的农业产业新业态不仅为农民提供了就业岗位，而且有效拓宽了农业增收渠道，推动了现代化乡村建设的持续深入。

以茶叶加工行业为例，茶叶高值化梯次利用关键技术的创新突破，解决了当地茶叶品质低、效益差的问题，并催生更多相关产业的出现，包括茶叶运输、茶园种植、采茶体验、茶园观光与茶叶基地等，茶农总体收入增多，生活水平不断提升。

第二节 乡村振兴中农产品加工产业的创新

在新时代农村经济中，物流保鲜和农产品精深加工发挥着越来越重要的作用。农产品在进行品种改良的同时，如何延缓集中采收后的市场供应期，通过深加工提高产品附加值，使消费者能买到高品质的农产品，成为乡村振兴非常重要的一环。特别是在当下互联网快速发展的时代，对传统的果蔬保鲜和加工产业发展带来了巨大的挑战和机遇。

一、农产品加工业中物联网技术应用

物联网技术是通过应用控制传感器、状态感应器、射频识别、红外线感应器、激光扫描器、全球定位系统等各种信息传感设备与技术，实时采集地理、生物、物理、化学等信息，通过互联网形成一个相互联系的网络，从而实现人和物的全面连接、控制和管理。

基于物联网的农产品冷链物流，能够将贮存、运输、销售等不同节点所需的相关信息及时准确地传递，对农产品物流过程实现智能化识别、定位、跟踪、监控和管理，从而减少农产品货损及变质等问题，提高整个农产品效益。农产品生产管理中运用物联网技术，可以有效地对农产品生长环境、温度、湿度、光照等相关信息全面追踪和记录，从而改善种植养殖环节，优化动植物生长。在农产品仓储配送中运用物联网技术，可以合理地解决调度困难、货物积压、销售网点资源分配不均、食物品质信息不清楚等传统仓储配送管理中存在的问题。通过对运输车辆安装温湿度传感器、信息采集装置、GPS、GIS等传感器，可以实时通过无线传输得到车辆位置、车内温度、气体参数等信息，实现物流运送环节的远程监控。在末端销售环节运用物联网技术，通过相应传感器监测农产品销售环境的参数变化，并通过控制系统实施控温、气调等保鲜措施，最大程度上保证销售环节农产品的新鲜度。

二、推进减压保鲜等先进物流贮运技术应用

在传统MAP贮藏、气调贮藏、真空预冷等技术应用稳步发展的同时，减压保鲜技术作为近年来新发展的保鲜技术，将在物联网时代的乡村振兴中发挥重要作用。减压保鲜技术是让农产品处于很低的气压状态下贮藏，从而实现延长保鲜时间的目的。

减压保鲜技术是在冷藏和气调贮藏技术之后发展起来的一种特殊的气调贮藏方法，又称为负压贮藏或低压贮藏。

减压技术又包括减压贮藏技术和减压短时处理技术。减压贮藏技术是把农产品放在低气压或超低气压状态下贮藏的一项保鲜技术；农产品放入减压罐体后，真空泵开始工作，使减压罐体内的气体压力维持在设定的范围内，农产品整个贮藏过程均处于低压环境中。由于O_2和CO_2等气体组分的浓度会随着气体压力降低而减少，而且农产品内部的O_2和CO_2很容易扩散到组织外面，这样就会形成一种独特的气调环境，可减缓果蔬的呼吸代谢，并避免CO_2中毒的影响。低压条件还可使果蔬内部的乙烯、乙醇等代谢产物向外扩散，从而减少生理性病害和组织衰老。超低O_2条件还可抑制大部分微生物的生长发育和孢子形成，由此减轻某些侵染性病害的发生。由于减压设备投入较大，为了提高设备利用率，降低运行成本，在减压贮藏的基础上发展出减压短时处理技术，减压短时处理技术是将农产品先经低气压环境短时间处理后，再进入常规的物流保鲜途径，减压设备中短时处理时间一般为10~48 h。

农产品经过短时减压处理，可延长冷藏保鲜期、减轻冷害的发生，有利于品质的保持。

新时代下催生出新的消费需求，“互联网+”、农村电商等模式对农产品品质提出了更高的要求，从而对保鲜技术也提出更高的要求，减压保鲜等先进贮运技术可以较好地满足这方面需求。

三、大力发展“乡愁食品”

“乡愁食品”是一个地方的特色食品。乡村是承载“乡愁”的独特载体，“乡愁产业”是活化“乡愁”资源的新型业态，发展“乡愁

产业”是建设美丽乡村、实现乡村振兴的根本途径，而“乡愁食品”是“乡愁产业”的灵魂。

当前，“乡愁食品”在各地农村经济中，发挥着十分重要的作用。如景宁畲族自治县东坑镇白鹤村的咸菜，东坑镇打造“贤惠巧妇、闲暇时光、咸菜产业”的畲乡“三闲经济”。浦江潘周家村的“一根面”闻名遐迩，“一根面”被列入金华市级非物质文化遗产代表作名录，该村先后被县、市、省三级人民政府分别命名为“手工面专业村”“市级一村一品特色村”和“省级一村一品旅游特色村”。“一根面”成了村子致富的支柱产业，也成了“幸福面”“乡愁面”。青田在稻田养殖田鱼有悠久的历史，青田农户有熏晒田鱼干的传统，现在田鱼干已经成为华侨寄托思乡之情的最佳信物，每每回国省亲都要带一些田鱼干到国外，每年从青田带往国外的鱼干达100多吨。

“乡愁食品”往往是历史悠久的传统食品，分散在全省农村乡镇，大多处于手工作坊生产状态，与新时代食品理念有较大差距。存在的主要问题有：标准化程度低，凭经验生产，质量参差不齐；产品的质量控制体系不够健全，散卖为主，保质期短，容易出现“食品安全”问题；加工设备的成套化程度低，高新技术和装备采用率不高；产品附加值低，缺少良好的包装材料，包装形式较为单一，产品档次尚需提升；综合利用水平不高，排放量大，易造成环境污染。

“乡愁食品”的全面提升，需要通过科技特派员、科研院校与地方联手打造、培养本土食品加工技术人才等多种形式推进。实现“乡愁食品”工艺提升及标准化生产，强化品质提升及营养功效性能挖掘，控制加工过程中危害因子产生，解决副产物排放控制、高效利用与增值，发展“乡愁食品”保质包装材料及配套装备，建设新型态县、镇、村示范点及中试应用。

辽宁：数字经济赋能农产品加工产业创新

一、辽宁省当前农产品加工产业数字化的发展状况

数字经济赋能下的农产品加工产业是以大数据、人工智能、物联

网、5G为基础的数字信息资源与技术，促使乡村地区在生产、消费、产业升级等环节取得较为明显的进步。数字化农产品加工产业的关键是有效整合土地、林地、产业等资源，达到更高的集约化程度，以更加精确的农产品加工产业数字化咨询服务为依托，建设农民自己的“掌上农产品加工产业”。

数字化农产品加工产业的特征是由传统的封闭式农产品加工产业向传统的开放型农产品加工产业过渡，由对资源的过分依赖的传统加工产业转向资源节约、环保的农产品加工产业。具体来说，是指使用民工系统、生产系统和数据集成系统，实现数字化农产品加工产业的现代化生产。在生产中应用遥感、地理信息系统、全球定位系统、网络技术、大数据、云计算等现代信息科技。

（一）应用物联网技术，提高农产品加工产业生产效率

在农产品加工产业生产领域，辽宁省很多地方已经基本实现了物联网投资。例如，盘锦市大洼区运用物联网技术，在现有的生产基地建立了全方位可视化立体监测系统，并运用物联网技术，将生产流程可视化，实现无死角监控，发展农产品加工产业。认养用户可以利用此系统和手机应用程序终端查看农作物的生长状况，农户对农产品加工产业可视化检测效率大幅提升。

（二）农产品加工产业大数据助推高质量发展

通过研究辽宁省农产品加工产业风险预警的指标和分析咨询机制，建立了统一、权威的农产品加工产业信息发布平台，整合农产品加工产业信息服务资源，促进农产品加工产业信息传播的一致性和协同性，打造系列化、专业化、品牌化的信息产品。尤其是在新基建的推动下，辽宁省大力推动大数据中心建设，为辽宁省农产品市场的运行提供了统一指导，并为制定相关政策提供了科学依据。

二、数字化经济赋能下解决辽宁省农产品加工产业问题的措施

（一）大力惠农富农，激发数字乡村发展的原生动力

改革开放以来，我国经济发展与现代化步伐不断加快，城乡居民收入差距逐渐缩小，但是，城乡之间的差距依然较大。因此，必须大

力推动数字农产品加工产业，发展乡村数字经济，推动城乡融合，加快农村生产和生活方式的转型。

辽宁省一直非常重视农产品加工产业农村信息化建设。进入21世纪，在省政府和行业主管部门的领导下，启动了“百万农民上网工程”，组织开展信息富民活动，打造金农热线“12316”服务平台，组织实施信息进村入户工程，把农产品加工产业农村信息化建设列入全省现代农产品加工产业建设发展战略，对促进数字乡村建设起到了重要作用。

在智能农产品加工产业方面要加大投入，把数字化和乡村认证作为主要的农产品加工产业和乡村规划的主要内容，积极争取省发展和改革委员会、财政部门对数字农产品加工产业、乡村振兴等方面的政策扶持与财政支持。加强财政资金的引导作用，加强对数字农产品加工产业和农村发展的扶持，以试点项目示范、应用创新和平台建设为重点，通过政府与社会资本、金融资本合作等形式，拓宽数字农产品加工产业融资渠道。

（二）强化人才支撑，健全激励机制

发展数字农产品加工产业，最关键因素就是人，目前，农村全面发展面临的一大障碍就是人才短缺。建设数字乡村和智慧农产品加工产业，离不开高层次的专业人才，特别是技术工人。

需要注意的是，在数字农村建设过程中缺乏典型带动是制约数字农村发展的主要障碍之一。通过实践与交流，培养具有文化内涵、技术水平和创造性思维的数字化人才。要大力发展数字化乡村的复合型人才，将数字化乡村创业与数字乡村建设有机地结合起来。

同时，要加强与科研机构、高等院校和企业的合作，为数字农产品加工产业的决策提供建议，对关键问题进行研究，对方案编制提供指导。要加大对数字农产品加工产业和乡村企业家的培训力度，大力发展数字化农产品加工产业和农村科技，要对其进行科学评价和激励，注重人才的培养与展示，特别是培养科技创新和管理人才，建立科学评估体系，使科技成果更好地适应农产品加工产业的需要。

（三）优化农产品加工产业技术创新，加大数字推广力度

为数字农产品加工产业的应用创造场景，通过建立辽宁省级智慧

农产品加工产业数据平台，积极建设数字化农产品加工产业应用场景，开发“示范推广”“智能感知”“建模”“智能控制”等技术及软件。

在“十四五”时期，辽宁省应在种植业农场领域积极创新，利用农产品加工产业物联网、在线视频等工具，实时采集种植、养殖场景信息，确保水肥一体化种植，实施智能监控，精准投放畜禽；对渔港码头和渔船上的数字渔业设备进行升级改造，包括卫星通信、定位、导航、抗噪声等功能，实现全方位的网络化和智能化监测。

第六章 “生态资源和农业+康养”案例模式

第一节 康养农业的概述

现代农业在产业深度上，农业不仅仅是第一产业的种植和养殖，还为第二产业的加工食品提供原料，从田间地头为消费者的厨房餐桌提供快消食品，还提供绿色安全化工原料；在产业类型上，农业不仅体现为田间土地上的劳作，还可以发展第三产业，休闲的、观光的、亲子活动的、健康养老的、创意文化的。在第三产业领域，要拓展和延伸出农业的多功能性，从农业的休闲、科普、观光、生态文化功能中挖掘农业的深层次价值。在深挖价值的过程中，从农业的历史、文化及自然条件中把握住一个独特的价值点，就能形成自己的品牌，同时，整合市场资源和产品资源，最终获得盈利。

康养农业是传统农业的升级版，它将传统的第一产业与第三产业相融合，是以健康为宗旨，以“三农”（农村、农业和农民）为载体，以科学养生方法为指导的新业态。康养农业是乡村振兴战略的重要内容。《乡村振兴战略规划（2018—2022年）》中提到“开发农村康养产业项目。大力发展生态旅游、生态种养等产业，打造乡村生态产业链。城乡居民消费拓展升级趋势，结合各地资源禀赋，深入发掘农业农村的生态涵养、休闲观光、文化体验、健康养老等多种功能和多重价值”。

康养农业的发展符合农业和农村经济可持续发展的方向，以及社会人文发展的方向。近年来，康养农业正逐渐成为农业发展的新趋势。有专家大胆预测，康养农业作为农业一二三产业融合的样式，每年蕴含至少1万亿元的市场规模，未来5年可能扩大8倍。

随着我国城市化进程的加快、居民消费水平的提高，中国老龄化的社会现象突出，城市人口“养老、养生、养心”的需求增长，在乡村发展田园康养农业大有前景。

第二节 田园康养农业的类型

目前，田园康养农业的类型主要有3种。

一、根据自身特色，确定乡村开发类型

如果乡村本身有著名的地理标识性农产品，可以根据农产品开发系列美食康养。有些长寿村有长寿文化基础，倡导食养、药养、中医等健康养生，结合养老民宿，发展中长期的家庭养老机构，适合作田园长寿文化康养开发等。

二、无特色资源，要植入相关特色与功能

对于无明显特色资源的乡村，可以植入康养资源，通过旅游的搬运功能进行特色植入。这类型一般仅适合长寿文化型、生态养生型，医养结合型或养老型的开发。

例如，生态养生型要求有较好的环境基础，后期要改善和维护乡村生态环境，同时，培育和引导养生养老产业进驻，发展养生产业，进行生态养生型开发；医养结合型需导入医药产业，形成医药种植产业链或形成医药产业小镇等。

三、强化健康主题，多元化开发

田园康养综合体必须强化健康养生养老主题，进行多元化开发。以健康养生、休闲养老度假等健康产业为核心，进行休闲农业、医疗服务、休闲娱乐、养生度假等多功能开发。

田园康养农业可依托景观资源、优质空气、特色农事、生态饮食、农耕文化等进行开发。

（一）依托景观资源，以静养生

在一望无际的田野中，欣赏着天然的、生态的农业景观，远离了城市的喧嚣和快节奏的生活，心灵回归到了简单的本真，纵情于田野

山水中，慢慢地感受农业景观带来的无限美感，人们的身心得到充分的放松和愉悦，尽情享受田园生活的宁静和自在。

（二）依托优质空气，以气养生

呼吸好的空气，是养生的首要条件。人的一吸一呼看似很平常，其实承载着重要的养生之道。我们每时每刻都在呼吸，一个人每天要呼吸两万多次，每天至少要与环境交换一万多升气体，可见空气质量的好坏与人的健康息息相关。

在乡村田园中，更多的绿色植物在进行光合作用，空气清新，改变着生态环境质量，空气中有更多的负氧离子，这正是养生所不可缺少的“空气长寿素”。老年游客在田野中散着步，呼吸着新鲜的空气，观赏着美丽的自然景观，身体和心理上都格外畅快，最终达到养生和长寿目的。

（三）依托农事劳作，以动养生

生命在于运动，适宜的运动是一种比较科学的养生休闲方式。现代农业的形态已从最初的种植为主发展为种植、观光、体验等形式并存。

以前农耕是农民为了粮食和生存进行的长期的职业性劳动，而此处提到的田园农事劳作则是适度的、参与性的、短期的健身养身活动，更强调体验性和适度参与性，以达到锻炼身体，强身健体的目的。

（四）依托生态饮食，以食养生

古语有云：“养生之道，莫先于食。”提到养生，就一定会想到饮食。养生农产品就是五谷杂粮，在乡村农民都是吃自家种的应季的粮食和蔬菜，这就是养生之道。老年游客来到乡村田园中，住农家院落，吃农家饭菜，吃五谷杂粮，吃应季蔬菜，品当地饮食特色，在一行一食中，达到养生目的。

（五）依托农耕文化，以和养生

农耕文化是农民通过农业生产实践活动所创造出来的物质文化和精神文化，其源远流长，并且渗透到我们的生活中。它也是乡村文化生活的重要体现，反映了农民自给自足、勤劳、质朴的思想感情。

第三节 农村康养产业的发展成效

一、农村康养产业的发展成效

考虑到城乡作为康养产业实践场域的联动式发展问题，下面将从农村康养产业发展的利益相关者（城乡居民、城市和农村）来进行分析。

（一）满足日益增长的多样化养老服务需求

由于老年群体的个体性差异较大，其养老服务需求的层次与内容也不尽相同，而现有的居家、社区、机构服务体系尚不能较好地满足其个性化的养老需求。而农村康养产业所提供的多样化的服务内容与多元化的服务方式，恰可以为那些不适合在城市原居住地安度晚年的老年人提供多元化的服务渠道，满足其对住房、养老养生以及相关配套服务的需求。如昔格达村，在发展田园康养产业时将日本先进的“两代居”理念融入房屋开发设计，建造一批老年人与家庭同住的康养旅居住宅，打造出代际和谐生活圈。

同时，农村康养产业的发展不仅为探索新型养老服务模式提供了新思路，也为推进养老服务社会化提供了新方法。如吊坛中医药康养度假村，通过建设艾灸理疗馆、中医药馆、山养餐厅等方式强化服务供给，充分照顾到不同老年人群的多样化养老服务需求。

（二）建立互益性城乡交流渠道

在工业主义和城市主义占绝对主导地位的现实背景下，城乡之间的交流多是单向的，尚没有形成“对流”式的交流与互动，而农村康养产业可以为城乡交流机制的建立提供可能渠道。如平田村通过开展农耕体验和餐饮制作等活动，在使旅居老人享受到田园生活带来的充实感同时，也帮助本地老人凭借着自身丰富的耕种技术获得相应的收入。再如吊坛村的康养产业项目开发者，最初是在城市运营禧灸堂中医艾灸养生项目的，后来到吊坛村发展农村医疗康养产业，带动了城市人才、技术和资本下乡，实现了城乡资源的优势互补和良性互动。

更为重要的是，农村康养产业通过对乡村特有资源的挖掘利用，使被动式的外部资源输入逐渐转变为主体性的乡村内生式发展，使日渐衰落的农村在社会关联中重焕生机。

（三）推动乡村产业振兴和社区建设

发展农村康养产业不仅迎合了部分城市居民的健康养老需求，为大城市周边的农村居民投资和从事康养服务业提供机会，还促进了第三产业的发展，吸引外出农民回流，形成农村产业和人才发展的良性循环。2017 年以前，吊坛村常住人口不足 40 人，村集体经济年收入不足万元；在发展康养产业之后，村内 85%以上的村民都参与到流转土地、委托种植、协助销售中医药材等过程中，实现了村民和村集体的双增收。此外，发展农村康养产业还可以促进乡村公共服务与基础设施的改善，带动道路、交通、通信、网络等配套设施建设，并在一定程度上存在着养老服务的外溢效应，为当地农村老年人提供更加适老化的居住环境和养老服务，为在农村探索整合型养老服务模式提供了更多可能。如平田村的康养项目还面向农村留守老人开展了一些公益服务，如理发、生活用品维修等。

二、农村康养产业的发展问题

当前农村康养产业作为一种新生事物，在具体的实践过程中还不成熟，在政策、资本、人才和技术层面还面临诸多问题。

（一）统筹规划力度不足

一方面，存在系统性政策缺位且落地难的问题。目前，尚未出台具有综合性和系统性的农村康养产业发展政策，导致康养产业涉及的民政、卫健、医保、文旅等部门之间的权责不清晰，出现了条块化管理现象，增加了康养产业项目开发者在办理相关手续过程中的难度。同时，尽管国家在土地供应、资金补助、税费减免等方面出台了一些优惠措施，但由于政策上的碎片化，再加上相关部门间缺乏有效衔接，投资者很难享受到优惠待遇，没有充分发挥对产业的激励作用。另一方面，缺乏精细的康养产业发展布局规划。相较于传统产业，农村康养产业链条长且关联度较高，依靠单一业态很难生存，需要上下游行业的共同努力才能形成完整的农村康养产业链条，发挥出产业的规模效应和竞争优势。然而，由于政策规划上对产业发展的长远性、系统性思考不足，对农村基础配套设施支持也较少，产业集群效应尚未形成。

（二）业态短板比较突出

首先，当前很多项目开发者对农村康养产业的认知还不够清晰，有的直接将康养产业定义为乡村旅游，将旅游当作康养发展的噱头，从而在发展过程中偏离产业主题。其次，外来资本对项目开发地的村庄特色资源不熟悉、挖掘深度不够，往往易忽视产品和服务所内含的文化底蕴，导致所提供的相关产品和服务不能与当地的特色资源有效结合，同质化问题严重。如目前开发的森林康养产业在发展形式上与普通的森林观光景区无异，对森林在保健、医疗、养老等方面的资源优势挖掘不够，难以真正留住旅居老人。最后，外来资本与当地居民间的矛盾也不容忽视。调研发现，在项目发展初期个别企业与村民在土地租金方面没有达成一致，后来各种纠纷不断。更有甚者，在开发过程中还出现了超出农村环境的承载能力而引发环境污染与恶化等问题，对村民的生活和健康造成了不良影响。

（三）专业康养人才匮乏

康养产业需要具备健康、养生、养老等专业能力的复合型人才，但目前我国在相关政策上没有制定统一的康养人才培养标准，在培养理念上还未形成多学科交叉融合的理论体系，导致在专业性康养人才供需上存在较大缺口。同时，由于农村康养目的地大多处于农村地区，公共服务与基础设施条件比不上城市，难以吸引专业性康养人才的加入，从业人员多为当地村民。由于接受相关培训的机会并不多，从业人员在提供康养产品和服务方面普遍存在专业知识缺乏、服务水平不高等问题，服务内容较多停留在简单的身体护理层面，无法满足人们深层次、多样化的康养需求。此外，受到职业归属感弱、收入待遇低、职业风险高等因素影响，相关专业人员一般不愿意从事农村康养行业，从业人员的稳定性差、流动性强，难以有效满足我国农村康养产业的发展需要。

（四）数字化技术融入较少

当前，我国农村医疗卫生基础较为薄弱，医疗设施短缺、医生严重不足、医疗资源分配不合理的问题广泛存在，尚难以满足老年人对医疗服务的高层次需求，导致许多城市老年人不愿意长时间居住在农村地区。进入数字化时代，移动互联网、大数据、云计算、区块链、人工智能等数字技术的全面应用，要求养老服务向数据联动、综合管理、安全监护、健康管理、生活服务、精神慰藉等方向发展，让老年人能够在日常生活中摆脱时间和地理环境的束缚，居家过上高质量、高享受的生活。同时，远程医疗更应该在农村发挥作用，解决老年人在家门口就医的问题。调研发现，受经济发展水平不高、信息技术设施建设不健全、农村地区服务半径长、服务递送成本高等因素影响，当前智慧康养实践在农村推广难度较大，个性化健康管理、“互联网+护理服务”“互联网+健康咨询”“互联网+健康科普”等智慧康养的服务内容十分缺乏，严重影响到农村康养的吸引力。

第四节　营造智慧康养小镇

为了积极应对人口老龄化发展趋势和城乡养老资源不平衡等问题，中国多部门联合印发了《“十四五”健康老龄化规划》，明确“积极发展养老事业和养老产业”，进而提出“以老年人健康需求为导向，推动老年健康服务高质量发展，优化供给侧结构性改革，增量与提质并重”的建设要求。根据相关数据记载，截至 2022 年底，中国老年人口数量已超 2.1 亿，江苏、浙江、山东等东部沿海省份已进入重度老龄化社会。以江苏省为例，目前，老龄化率已经达到 22.15%，预计到 2025 年省内老年人口将超过 27%的比重。面对严峻的老龄化形势，各地政府积极引导和拓展新型健康养老产业，以康养地产项目为代表的特色小镇建设迅猛发展。但是，当前康养小镇同质化现象较为突出，在规划设计中普遍存在紧跟“流行”“借鉴”等盲目跟风现象，造成所处乡村地域文化的流失和生态资源的浪费。因此，要立足 5G 时代下的乡土，建筑地域文化特色和养老小镇的规划设计，结合康养数字化发展需求，从康养小镇的本土化空间营建和智慧化转型入手，系统讨论乡土文化传承与智慧康养小镇建设的协同关系，提出共享空间营造的方向路径，以及与乡土环境共享的"在地性"空间营造策略。

一、智慧康养小镇对乡村振兴的赋能机理

在康养小镇的智慧化升级转型过程中，利用数字技术和数智设计为田园康养产业和农村一二三产业建立新的赋能途径，加快建立"数字+康养+"产业链，以此推动乡村产业振兴、生态振兴、文化振兴和人才振兴，具体的作用机理如下。

（一）共享：以信息化连接方式，加强城乡资源的共享

同传统康养小镇的物质要素和信息要素相比较，数据要素具备高度的渗透性、密集度和协同性。数字技术可帮助康养小镇的经营者精准掌握养老市场信息和需求，理性分析和科学规划康养小镇的功能布局，从而降低康养市场的风险。将互联网、大数据、人工智能等数字服务硬件植入康养小镇的规划设计中，把产业、文化、物质、人才等要素进行数据化处理并上传至各服务平台上，通过打通智慧养老平台与城乡管理服务平台、教育平台、旅游平台之间的信息壁垒，实现城乡养老资源信息和数据的流通，以及各平台数据的共享利用，以便有效对接城市消费需求、乡村业态和劳动要素，解决康养产业链上各产业之间信息流通效率低、相互协同性差等弊端。

（二）融合：以新兴产业链为纽带，加深乡村产业的融合

智慧田园康养小镇作为乡村新兴的生命产业，其产业链构建的本质是为康养小镇等服务供应方和城市银发族中的需求者提供安全精准的对接和匹配。这就要求该产业链上的参与产业需要科学分类，通过在康养小镇的整体规划中合理划分功能区，创建互信共赢的康养小镇和附属业态共享空间规划模式，提升康养小镇与乡村旅游业、农特产品加工业、服务业和运输业的资源配置效率。在此基础上健全智慧田园康养产业链，从赋能乡村的文化和生态要素出发，拓展出家庭农场、特色文创等复合型新业态，并融合线上线下的互联及销售模式，

使田园康养产业链成为激活乡村产业振兴的载体。

（三）互动：以智能化服务促进康养主体与康养环境之间的互动

“数字+康养+”模式的智慧康养小镇不仅涵盖农业、服务业、养殖业、建筑业等实体经济体，还涉及文化教育、旅游、体育、医疗等产品的服务。因此，康养小镇智慧化转型建设的内容不仅包括康养小镇实体的数智化转型，还包括引入互联网企业、提升数字化硬件和软件的建设。数字技术赋能康养小镇的关键在于互联网技术和数智设计的支撑，结合康养小镇及所在乡村数字化建设的智能硬件，发展定制化适老化建筑和附属公共服务设施，使其成为可搭载智能管理和应用系统的载体。让康养人群的养老服务、健身娱乐、健康评估、关怀照料、活动管理等服务更方便快捷，增强人、康养设施与环境的互动，提升体验效果，从而实现数字技术和实体经济的融合。

二、智慧康养小镇与乡土环境共享的“在地性”空间营造策略

传承乡土文化和延续乡村风貌以及生态和产业的可持续发展是康养小镇规划设计的主要原则，设计的关键在于将“三生和谐”的规划理念贯穿空间营造的全过程，并构建“筑境、筑业、筑魂”三位一体的空间规划营造路径，以此赋能乡村产业、文化、生态的兴旺发展。

（一）“数字+康养+旅游+生态+文化”多元共融的模式

智慧康养小镇是在数智技术和设计的驱动下、围绕塑造智慧健康养老的服务定位、合理整合利用城市养老资源和休闲文旅等乡村资源所塑造的特色田园生活康养方式。康养小镇与所在乡村共享空间的营造愿景并非只靠单一的空间设计就能实现，需全局考虑场地的规划、建筑和运营。因此，设计中需秉承“三生和谐”的理念，推动设计与乡村产业、生活环境的融合。通过深挖实践场地的文化历史与自然条件，分析空间逻辑和产业布局，在此基础上调动起乡村各类资源的发展潜力并形成有效配置，进而提出康养小镇与乡村环境多维共生的营造策略。江苏省徐州市铜山区茅村是位于大运河沿线的近郊型村镇，具备良好的生态环境和产业基础，但是，乡村多处公共空间被烂尾别墅和闲置建筑物占用，急需通过设计更新实现转型再利用。在项目的

功能规划中，首先，关注对乡村存量资源的开发利用，将烂尾的别墅区经过加建与改建，更新为养老居住区、民宿区、室内活动中心和物业管理用房。其次，针对开放空间的尺度和对应的功能构建休闲度假、种植体验园区、健康驿站、特色集市、教育体验区等构成功能完整、业态互补、配套完善、多元共融的连贯场景。在此基础上健全智慧康养产业链，便可进一步探索新乡村建设与数智设计的互动，实现预制工业化与传统建造方式的融合，并尝试在城乡接合的边界空间中创造一个特色小镇与自然环境的对话。

（二）构筑完善的“智慧康养+”产业链

乡村一二三产业的融合与聚变不仅能够促进康养产业的功能外延，还能够帮助乡村环境特色化和生态化发展。因此，“智慧康养+”产业链的完善是智慧康养小镇规划设计的重点。首先，以产业融合和衍生第三产业为目标进行康养小镇功能区的设置。通过设置农业观光区、农事体验区、家庭农场等功能区，以康养产业带动农业生产、土特品加工和城乡一体化销售链，构建完善的乡村第三产业发展平台。其次，将智慧康养小镇的受众人群拓展为全年龄段，除了为老年人提供康养服务，同时也为游客和老人子女提供文旅和教育体验项目。作为智慧康养产业链的核心，康养小镇园区囊括了康养住区、物业、教育、医疗、民宿、餐饮、集市等多种功能的建筑组群，并试图通过合理的设计融入乡村原有环境，通过设置农业研学、户外学堂、养生科普等方式，加强城乡资源的互动，以及康养与教育产业的同步升级，可充分利用线上线下相结合的方式，拓展乡村教育产业。最后，在乡村一二三产业融合和新业态的衍生过程中，持续挖掘当地建筑文化、民俗活动、特色美食、节日文化、婚庆习俗和宗教文化，大力发展休闲农业、文化产业、旅游产业，并积极开发特色化文创产品。不仅有助于形成多样化协同发展的产业集群，更可为村民提供更多再就业的岗位，培育新兴职业化农民，加快康养产业结构的智慧化优化升级。

（三）智慧康养建筑及适老化服务设施设计

新型城镇化建设进程加速了特色小镇的开发，乡村康养和休闲旅游工程有效推动了乡村多个产业的发展、拓宽了农民增收渠道，但以田园康养为代表的特色小镇在建设中出现了严重的趋同性及同质化现象，使乡土建筑风貌的保护与发展面临极大的困境。《国家乡村振兴战略规划（2018—2022 年）》明确指出，在乡建活动中“要弘扬中华优秀传统文化，保护和传承传统建筑文化，将历史记忆和地域特色融入乡村建设”。因此，在新时期智慧康养小镇的建筑及环境空间营造中关注乡土建筑文化的传承和当代转译刻不容缓。

首先，让康养建筑及附属景观建筑成为传承当地乡土建筑文化的载体。运用建筑类型学理论，从乡土建筑中分析提炼出带有典型性苏北地域文化特征的空间元素，并将“原型”结合智慧康养小镇建设需求转化为当代建筑设计的“模式语言”。根据场地留存烂尾房的空间结构特征，按照康养建筑、物业用房、教育、健身、餐饮等不同功能对其进行分类，在《养老设施建筑设计规范》相关准则的指导下，通过加建和改建让其实现合理再利用。设计的重点在于加建的部分，针对各功能空间的使用需求，构建出尺度适宜的单元空间，并用模块化设计方法将其解构为标准化单元，在厘清各个功能单元与建筑组群之间的关系后，将单元空间按照功能分类植入建筑群中。模块化空间组织的优势体现在使用过程中灵活多变的按需组合，每个单元体都搭载一项重要功能，可根据使用人群和乡村建设发展的需求变化，使其在场地上实现多种模式和多项功能的空间转译。基于模块化设计方法的康养小镇建筑组群具备高度的环境适应能力，可有效节省建设用地、提升智慧康养小镇及乡土环境的空间韧性。

其次，构建智能化、多样化的适老化服务设施助力康养小镇的智慧化转型升级。智慧康养小镇的建设目标是在创新与改造中，注重数字技术与传统建筑文化的结合，保持对于乡村人文环境的尊重。在数字时代背景下，田园康养产业要满足康养人群的多样化和个性化服务需求，提升行业内的竞争力，需强化数智设计和数字技术在康养小镇中的系统应用，全面提升信息化管理与应用能力。当前康养小镇的建筑组群和附属服务设施逐渐向养老服务的智能综合化、社区化方向发展。与传统康养小镇零散的空间布局相较，按照模块化空间组织的复合型建筑组群具有功能多样化、集约利用土地、空间使用效率高等优势。适老化服务设施是引导和激发使用者与空间环境积极互动的关键元素，为了提升康养服务设施的使用性能和空间利用率，根据《老年人照料设施建筑设计标准》营造尺度规范、可灵活拆装组合的适老化公共服务设施，并合理搭载智慧康养管理系统、AI智能产品、远程医疗产品和应急呼叫系统等智能化、人性化服务平台，在老年人、康养小镇和老人子女之间建立便捷的连接方式和数据共享，使其在具备多样化使用功能的同时，满足当下老年人对康养服务设施更安全、更便捷、更智能的使用需求。在景观适老化服务设施的空间规划中，根据公共服务设施的形态和尺度，充分利用宅间开放空间和建筑界面置入快装型、可移动的适老化服务设施，创造多功能、灵活性的康养室内外活动空间组织形式，使康养小镇建筑室内外空间具备维持乡村环境变化的动态平衡，进而完成康养建筑组群和开放空间的整体韧性构建，提升智慧康养小镇空间环境的韧性。

河源市：乡村振兴背景下康养农业产业发展

一、区域康养农业产业发展模式

河源市康养农业根据地区实际产业发展环境，主要形成了森林康养、农业公园康养以及康养小镇3种模式。

（一）森林康养模式

河源市和平县弘顺森林康养基地。森林康养是以各地区有别于城市且独具特色的森林景观、湿润、富氧的森林环境、绿色健康自然生长的森林食品，融合各地区具有丰富内涵且具有地方特色的生态文化，辅以相应的休闲、养生、康体及医疗服务设施，开展以康复治疗、身心调养、延缓衰老、健康管理为目的的森林度假、疗养、保健、养老等活动。

河源市弘顺省级森林康养基地，2022年被广东省林业局认定为省级森林康养基地，是广东省首批省级森林康养基地之一。基地分为康养综合服务区、森林康养运动区、森林医学区、康养文化区、自然教育区、湿地景观区、南药花园培育区、农林产业发展区8大功能区。

通过开展森林康养基础设施、农林产业服务设施、森林生态景观工程、康养体验项目等建设，将森林康养产业与林业、农业、旅游业、养老产业、中医药产业等相融合，建成以医养结合为特色，集休闲观光、康养度假、自然教育、农事研习、农林产品及副产品集约生产经营于一体的森林康养示范基地。

河源市弘顺省级森林康养基地建设是河源市实施乡村振兴战略的重要措施，可以有效促进农业的其中一个分支林业由第一产业向一二三产业融合发展转型，促进林业产业结构优化升级，延长林业产业链，促进当地乡村的就业增收、脱贫致富；可以将资源优势转化为经济优势，实现经济、社会、生态和谐发展，从而推动生态农业、旅游业、医疗服务业、住宿餐饮业等相关行业的发展，促进我国城乡产业多元化发展。

（二）农业公园康养模式

连平县麒麟山现代农业生态园。农业公园作为一种新型的旅游形态，是中国乡村休闲和农业观光的升级版，是农业旅游的高端形态。2021 年，农业农村部为了进一步拓展农业功能，加速促进农业产业转型升级，发布了《关于拓展农业多种功能促进乡村产业高质量发展的指导意见》，文件指出：发挥乡村休闲旅游业在横向融合农文旅中的连接点作用，以农民和农村集体经济组织为主体，联合大型农业企业、文旅企业等经营主体，大力推进“休闲农业+”，打造一批田园康养基地。为康养产业融入休闲农业提供了指导意见，在农业公园建设中融入康养产业，是康养农业发展的又一重要模式。

连平县麒麟山现代农业生态园位于广东省河源市连平县，成立于 2011 年 5 月，共投资 3 亿元，规划占地约 1 667 hm^2，拟分三期建设。生态园主导产业分三大板块，一是农业综合板块，包括连平县麒麟山现代农业生态园高端农产品生产基地和农产品加工厂；二是综合教育板块，包括连平县中小学生综合教育实践基地、大中专学生社会实践基地、连平县就业培训基地，每年预计培训中小学生约 15 万人次；三是休闲养生板块，包括亲子动物园、亲子乐教园、休闲度假区、游学园、康养基地。

（三）康养小镇模式

河源巴伐利亚庄园。康养小镇是目前康养农业发展中最普遍也是发展最好的一种模式。不同于一般的小镇，康养小镇功能性更强，具有鲜明地方特色，能够将健康疗养、健康产品、生态旅游、医疗美容、休闲度假、体育运动和文化体验等业态聚合起来。河源市康养小镇建设也初具成就，巴伐利亚庄园就是河源市康养小镇建设的代表作之一。

巴伐利亚庄园位于河源市源城区，占山地约 10.4 km^2，建设用地约 318 hm^2，总建筑面积约 351 万 m^2，总投资约 350 亿元（已建设约 60 万 m^2，投资约 85 亿元）。2019 年巴伐利亚庄园被文化和旅游部确定为国家级旅游度假区，荣获中国旅居养老示范基地、中国木球运动培训基地、广东省养老服务示范基地、深圳市养老创新基地、省劳模疗休养定点接待单位、深圳市劳模疗休养基地等荣誉。庄园配套项目有两大主题乐园（黑森林乐园、国际欢乐营地）、三大文旅中心（温泉文化中心国医国药温泉、宗教文化中心福源寺、客家文化中心《家·源》剧场）、九大温泉度假品牌酒店、六大康养配套（康养大楼、华大基因馆、医疗健康养生医院、中西医馆、远程医疗、自然养生）、学校（幼儿园到高中国际化学校）。

为了进一步提升庄园康养服务品质，打造庄园康养品牌，庄园坚持不懈地立足大健康、创新大康养、融合大产业，构建新生活康养服务体系。庄园通过与广东省中医院合作，共同建设“医联体”（国际）康复医院，打造健康实训学院、康养名苑、集贤书院等项目，实现融合居家康养、社区康养、机构康养于一体的全周期、全龄段健康守护。

二、河源市康养农业产业发展的策略

河源市地处粤港澳大湾区辐射带动的第一圈层，位于广州、深圳 2 个一线城市同时辐射带动的最好位置。近年来，河源坚持以“融湾”为纲、“融深”为牵引，在“双区”和 2 个合作区建设叠加效应加速释放的历史机遇上，加快全域全面“融湾”“融深”，形成与大湾区目标同向、措施一体、优势互补、互利共赢的协同发展格局。康养农业的发展要与河源市整体战略布局相一致，加速引进2个合作区的社会资本，快速推进河源市康养农业项目建设，优化产业发展结构，为2个合作区提供更多优质的康养综合服务。

（一）深入认识康养农业，进行合理统筹规划

康养农业不同于传统乡村休闲农业，受限于旅游观光周期短，容易受节日人群影响、消费低的限制。康养农业因为兼具康养产业特性，具有消费能力强，质量要求高、受季节约束小、停留时间较长的特色，产业链长，整体产业的抗风险能力较大，产业拉动力远高于普通旅游产业，在疫情常态化的情况下，康养农业将突破疫情带来的风险限制，快速拉动地方经济恢复原有增长趋势。河源市地方政府需要充分认识到康养农业的以上特性，看到康养农业对于河源市未来经济发展和产业转型升级的拉动作用，才能重视对康养农业的整体统筹规划。康养农业的规划要注意本着原有生态保护和积极开发相结合的原则、整体规划和特色开发统一部署的原则、市场和产品导向一致原则，从地方特色资源优势出发，在尽可能保留原始自然生态的基础上，根据地域辐射范围内不同康养群体的需求，设计开发满足不同群体需求的项目和差异化的产品及服务，进行全市整体康养农业产业的布局和规划。

（二）明确城市目标定位，加快制定相关政策

河源市一直很重视旅游业的发展，休闲农业和乡村旅游的发展，均是为了丰富旅游业态，现在将康养引入乡村休闲农业的目的依然是为了增加河源市旅游业的竞争力。但康养产业是一个更具未来发展潜力的产业，河源市可以尝试改变目标战略定位，将旅游城市定位改为康养城市定位，帮助城市发展突破原有定位限制，提高发展层次。因为转变定位角度，所以原来是将康养元素融入乡村休闲农业，现在是将发展休闲农业和乡村旅游以满足康养需求为前提与康养产业相融合，因此河源市康养农业未来发展的主体定位可以概括为打造集休闲度假、健康养生、医疗康复为一体的生态康养农业强市。明确定位之后，相关产业发展方向将更加明确，相关政策制定也将围绕这一定位

而展开。比如对于农业发展，河源市就要将农业生产服务的视角转移到为康养产业服务上，农业种植要注意建立绿色、有机、健康标准，提供有利于人们身心健康的食品，增加对健康有利的农作物和中草药的种植，政府给予的补贴贷款政策要向绿色健康种植方向倾斜。

在医疗健康方面，需要注意往具有丰富养生资源的乡村地区倾斜，加快具有养生项目开发条件的乡村医疗养生中心建设，制定相应的人才吸引政策。除此之外，河源市还应该加快具有养生项目条件的乡村公共服务体系建设，将建设标准提高至可以提供国际优秀养生服务的标准，加大对这些地区的建设投入，打破原先一切先城市后乡村的建设模式。

（三）促进产业深度融合，完善产业链条

康养农业是一个跨产业、多业态、复合型的系统工程，产业融合的程度决定了这个新型产业业态的未来潜力。康养农业产业发展中的多产业融合以康养为核心，其余产业升级的方向均以提供更优质的康养产品和服务为目标。康养农业产业的链条较长，只有将链条上的各个产业和行业有效紧密地联系在一起，整合上下游产业，才能提高河源市与康养相关产业的发展高度和发展潜力。加强康养与各个产业的融合发展，才能打造区域康养产业集群，实现乡村休闲农业向康养农业发展转型，以康养为中心，构建多种“康养+”模式。

（四）设计开发多样化康养产品，逐步构建康养产品服务体系

康养农业的人群覆盖较广，根据不同年龄段、不同康养目的将目标人群进行市场细分，提取每个人群的具体需求，进而根据需求设计开发多样化的康养产品。目前，可以将康养市场细分为中小学生市场、上班族市场、银发族市场、医疗康复市场等。每个细分市场客户群体对于康养服务都具有不同的需求，可以根据这些需求从衣食住行游购娱等角度提供不同的康养产品和服务。此后逐渐根据康养农业的市场规律和市场特性，分层次和成体系的打造相关产品和服务，逐步构建“新康养”产品服务体系。

主要可以考虑从以下几个方面着手。一是健康管理，设置居民健康管理标准，开发全民健康管理系统，建设居民健康档案，对居民健

康进行指导，帮助居民养成健康生活习惯，对居民健康作出风险预警等。二是健康医疗，政府主导、引入社会资本和多方力量，建立实体+网络医疗体系，为不同康养需求的用户提供健康维护、专项疗养、医疗康复服务。三是健康运动，增加全民健身运动休闲设施，充分开发利用室内外运动场地，提供专业健康运动指导。四是健康环境，治理和维护自然生态环境、实现人与自然和谐共处，打造健康人文环境。五是健康食品，生产加工有利于居民身体健康的绿色有机食品，开发食品疗养服务，建立健康食品安全生产加工体系。六是健康医学，利用线上线下渠道，采用多种形式向民众普及健康生活相关的医学知识，提供健康医学服务。

（五）加强专业人才队伍建设

河源市康养农业还处于初级发展阶段，专家和专业人才缺乏，河源市要建立产业人才库，建立相关从业人员评价体系，从人才角度提升康养农业服务水平。康养农业对于人才的专业性和综合素质要求较高，河源市可以尝试从以下几个方面进行专业人才队伍的建设：一是增加行业现有行业从业人员培训，根据项目建设各类产品和服务对人才具体专业技能和综合素质的需求情况制定分布培训计划。加强对于从业和参与培训人员的考核，日常考核和专项随机抽查相结合，考核不合格的人员将暂时不能从事康养农业相关工作。二是与高校、专业院校展开定向培养，在合作院校开展康养农业学科建设，政府、企业、学校共同研究设计形成人才培养方案，为康养农业产业提供具有理论和实践能力的人才。三是加大专业技术人员、高端人才、创新人才的引进，给予引进人才具有一定吸引力的工资福利待遇，建立引进人才激励措施，如给予引进人才项目运营股份分红激励等。给引进人才提供国内外先进康养农业发展交流和合作的机会，以及充分的成长和发展空间，通过政策、经济和文化等多种手段相结合吸引人才，留住人才。

崇信县：乡村振兴背景下的康养旅游

近年来，崇信县依托“龙泉寺、汭河湾、大槐树、大关山”独特资源，着力打造“山水龙泉·养生崇信”旅游品牌，在引领崇信全域旅游快速发展的同时，努力打造“理念养生、氧吧养生、运动养生、中医养生、美食养生”五张名片，策划了“寻访特色小镇·探秘美丽乡村”全域游系列活动，成功举办了一系列的乡村文化旅游活动，充分彰显了“山水龙泉·养生崇信”的品牌魅力，发展康养旅游也逐渐成了崇信经济增长的必由之路。

一、崇信发展康养旅游的现实意义

（一）实现“山水龙泉·养生崇信”旅游品牌定位的必然选择

“山水龙泉·养生崇信”的旅游品牌是崇信县2012年依据自身自然环境优势，借助国家AAAA级旅游景区龙泉寺、国家AAA级景区华夏古槐王等知名景点，打造差异化、特色化的旅游产品，“山水龙泉·养生崇信”的旅游品牌定位旨在通过游览崇信山水，体验观光、亲近大自然，使人们放松心情，缓解压力，从而达到养生、保健的目的。发展康养旅游正是实现养生崇信的必由之路。

（二）实现县域经济转型升级和创新发展的全新探索

崇信县地处甘肃，地貌以丘壑为主，县内80%的农业人口，经济增长主要依靠第一产业，包括农业、矿产资源，目前，产业层次较为单一，创新发展能力有限。发展康养旅游，有助于优化县域现有产业结构，促进崇信县经济转型和创新发展，为推动县域经济增长提供了全新的选择。同时，有助于崇信县在全域旅游发展中，融入全省大旅游线路，共享区域旅游资源，形成经济共同体，为创建国家全域旅游示范区提供产业支撑。

（三）践行“健康中国”行动纲领的具体举措

近年来，随着全国人口老龄化发展，2016年10月，国务院印发了《“健康中国2030”规划纲要》，“健康中国”正式成为国家发展战略，中老年人群想通过膳食养生、体育锻炼、修身养性、亲近大自然等方式来达到保健的需求越来越大。再者，在新冠疫情的影响之下，人们也注意到身体素质健康和养生的重要性，故而大健康产业成为经济增长的新引擎。崇信县发展康养旅游，打造体育赛事观摩、旅游度假、休闲娱乐、健康养生为一体康养旅游服务区，是落实“健康中国”行动纲领的具体实践，更是紧抓大健康产业机遇的重要举措。

（四）践行乡村振兴战略、推动美丽乡村建设的重要抓手

农业强、农村美、农民富，是建成社会主义现代化的重要标志之一；党的二十大报告中指出：“全面推动乡村振兴，坚持农业农村优先发展，扎实推动乡村产业、人才、文化、生态、组织振兴。”发展康养旅游，就要有完善的旅游功能要素，还要有健全的基础设施建设，这些都为进一步提升县域的城镇化水平，推动乡村产业、文化、生态等的振兴奠定了良好基础。同时，为全域旅游发展布局的考虑，打造的N个特色乡村的建设，也是贯彻落实美丽乡村建设的要求和重点任务，形成了像西刘村、木家坡村、黄寨村、梁坡村、赵湾村等一批省级示范村，有效地推动了城乡一体化发展，为推动美丽中国建设提供了积极的探索实践。

二、崇信县康养旅游发展途径探析

（一）坚持差异化定位，打造具有比较优势的康养旅游产品

突出崇信的资源优势和产业特点，以整合行业资源为载体，打造具有比较优势的健康养生休闲度假旅游业态。一是将旅游业融入现代农业，打造田园养生休闲度假旅游，实现农旅融合发展。实施“乡村创客”行动，引导建设微农创客空间、农产品创客基地等以乡村农业为主题的创新基地，推动崇信休闲农庄、精品民宿、农事体验、农产品深加工等项目建设。发展“乡间”经济，以发展乡村旅游为抓手，引导发展乡村旅游产业，打造一批具有乡土气息、休闲体验、自然民俗的乡村旅游示范村，串联一批“春季踏青赏花、夏季休闲避暑、秋季采摘体验、冬季度假养生”四季旅游项目，吸引周边县域游客到乡村休闲度假。二是将体育运动融入旅游，积极打造运动养生休闲度假旅游。依托崇信县属黄土高原丘陵沟壑区的特点，广泛开展群众喜闻乐见的群众体育活动，积极开发森林康养、森林探险、野外露营、山地运动、攀岩等一系列户外体育旅游项目，开发自驾车露营公园、自行车赛事、户外越野地、低空飞行基地四大户外运动基地，把崇信打

造成为集体育赛事观摩、旅游度假、休闲娱乐、健康养生为一体的体旅融合康养服务功能区。三是生态养生休闲度假旅游。依托县内良好的生态环境，大力发展生态康养基地建设，重点推动古槐王景区、唐帽山景区康养基地建设，积极开发景区森林浴、天然氧吧、烧烤垂钓等产品。四是借助崇信县中医院中医养生馆、崇信县老年养护院、汭龙堡休闲康养区，发展刮痧拔罐、针灸推拿、产（术）后恢复、慢性病康复等健康服务，做活中医理疗保健康养业态。

（二）创新发展思路，全力推动乡村康养旅游产业全链式发展

一是夯实产业基础，实施“建链”行动。以资源开发为关键，通过行业引导、政策扶持、品牌培育，推动文化旅游龙头企业发展壮大，不断夯实产业发展基础，带动康养旅游发展。二是优化产业布局，实施“补链”行动。按照《崇信县全域旅游发展总体规划》，整合县内旅游资源，全力打造“1436+N”旅游发展布局。以提升服务为目标，完善旅游要素功能，丰富“吃住行游购娱”旅游要素，完善旅游道路交通指示牌、完善道路标识牌建设、景区厕所等建设，补齐基础设施短板，着力解决旅游车辆“停车难”“通行难”“指路难”等问题，提升康养旅游品质。三是丰富业态发展，实施“延链”行动。通过优化业态、丰富产业内涵，提升康养旅游品质，推动乡村康养与旅游深度融合，实现乡村振兴与人民康养的有机结合，自然景观与康养产业的有机结合。四是聚焦产业重点，实施“强链”行动。做好龙泉寺景区改造提升“十大”工程，推进华夏古槐王景区保护性开发。推进“新基建”在旅游景区、公共文化场馆等领域应用。坚持创意创新，将崇信特色的菜、药、果、油、肉、石、艺、野等康养旅游特产做大做强，打造崇信文创产品专属品牌，努力把康养旅游特色产品培育成为旅游经济增长点。

（三）强化宣传推介，持续提升乡村康养旅游品牌形象

一是开展文艺养生惠民活动。加快文化旅游与体育产业融合发展，抢抓国家、省、市加快发展体育产业促进体育消费的机遇，抢抓重大节庆时间节点，精心策划，广泛开展游客参与度高的活动，达到既增强游客体验感，又扩大宣传推介、增加旅游附加值的效果。二是

加强宣传营销。创新营销宣传模式，借力国家和省市级媒体平台开展高端推介，运用微信、抖音、快手等社交媒体开展短平快的海量宣传，形成多形式、广覆盖、立体化的宣传叠加效应，提高宣传推介的实效性和市场营销的精准度。精心策划举办“山水龙泉·养生崇信”文化旅游节等节会活动，深化与周边市、县区域合作，强化与重点文化企业、景区景点、旅行社、旅游饭店等之间的对接，实现旅游资源的共享，旅游路线的互联，形成市场互动，共同打造跨境无障碍旅游区，进一步扩大崇信县“山水龙泉·养生崇信”品牌对外形象和影响力。三是鼓励引导创新创作康养旅游精品产品。积极鼓励文学文艺创作团队，深入挖掘县域特色文化资源，采取编写小说、散文、诗歌等形式，创作一批精品力作，讲好崇信故事、传播好崇信声音、展示好崇信形象，为加快全县文化旅游产业融合发展。

（四）强化要素保障，为乡村康养旅游健康发展护航

一是土地利用方面，要处理好生态保护与发展的关系，深入践行习近平生态文明思想，全力打好蓝天、碧水、净土三大保卫战，持续强化农村面源污染治理，保证土壤环境安全可控。大规模开展国土绿化行动，为乡村康养旅游发展打好坚实的环境基础。同时，要倡导就地城镇化、适度城镇化，保持城镇与乡村的差异化，让旅客更能感受到“乡愁”。二是加强金融支持。政府部门要加强与银行、惠民公司等机构的密切沟通，建立保障旅游业信贷供给体系，为旅游业提供差异化金融服务。三是加大康养人才培养力度。积极引进各类紧缺人才，每年计划从高校毕业生中引进管理、运营、技术、宣传、市场等方面短缺人才。人才培养方面，要落实好旅游行业执业保障和激励机制，培育旅游职业荣誉感。加强人才的培训教育，发挥县内技术职业培训教育优势，支持鼓励旅游行业人员定期到专业技术学校进修学习，提升业务能力和专业技能，打造一支熟悉掌握康复康养、健康保健和旅游服务等专业知识的人才队伍。

第七章　乡村特色产业“十亿元镇亿元村”典型案例

第一节　“一村一品”与“十亿元镇亿元村”

一村一品是日本20世纪70年代末提出的农村产业发展运动，为推动乡村特色“一村一品”《关于推进“村品”强村富民工程的意见》提出产业发展，2010年农业部发布“关于推进以专业村镇为基础，整合各类资源要素，整村整乡推进优势资源开发，推行农业规模区标准化、集约化生产，打造特色优势品牌，促进主导产业优化升级，壮大村级经济，带动农民增收致富。”

在我国农村劳动力转移规模不断扩大，土地流转明显加快，对农户的专业化、规模化生产要求迫切的情况下，推进“一村一品”正逢其时。“一村一品”以培育主导产业和促进农民增收为目标，发挥资源比较优势，坚持市场导向，强化科技、人才支撑，推进农业专业化、规模化、标准化生产，通过规划引导、政策支持、示范带动，充分发挥农民主体作用，促进优质粮食产业、园艺业、养殖业、农产品加工业、乡村旅游和休闲农业全面发展，为发展现代农业、建设社会主义新农村提供了坚实基础。

十多年来，各地政府高度重视，多措并举推进“村品”工作。一是发展优势主导产业。推动产业优化升级；二是培育市场主体，提高农业组织化水平；三是强化科技支撑，增强持续发展动力；四是打造特色品牌，提升产品竞争力。“一村一品”强村富民工程取得丰硕成果，有效促进了农村主导产业培育，激发了区域经济发展活力；推进农业专业化、规模化、标准化生产，提高了农业整体素质和竞争力；培养新型农民，提高了农民自我发展能力；开发农业多种功能，拓宽了农民就业增收渠道。

范村镇主导产业优势特色鲜明、质量效益显著、联农带农紧密，产村、产镇融合发展趋势明显，有较强的辐射带动作用。在发展产业过程中，各村镇以不同方式将所辖区域内贫困户带入特色产业中，实现脱贫致富、共同富裕的目标。经过十余年发展，“村品”已成为全国乡村特色产业发展的一个标志、一个抓手、一个品牌。“一村一品”示范村镇数量众多、作用持久，分布覆盖全国，成为乡村特色产业发展的重要推动力，也是展示我国乡村特色产业发展的窗口。农业特色产业蓬勃发展，发掘了一批乡土特色工艺，创造特色品牌10万余个。

第二节 “十亿元镇亿元村”产业发展特征及经验做法

一、“十亿元镇亿元村”产业发展特征

做好新时代三农工作，要以乡村振兴战略作为总抓手，而产业兴旺是解决农村一切问题的前提，产业兴旺、乡村才能振兴，农民才能富裕。总结典型村镇发展情况，从村镇产业发展看，大致可以分为两种类型：一种是资源禀赋型，村镇具有较好的资源禀赋和发展特色产业先天条件；另一种是白手起家型，克服资源匮乏的先天不足，创新机制，开发人力、科技资源等条件，创造性地发展特色产业。

（一）产业特色鲜明，融合发展高效

产业结构优化体现在产业结构的合理化和高级化。依据当地产业基础条件和资源优势，以突出优势产业为中心，以优化产业结构为抓手，推动传统产业提质增效，借势大力培育关联紧密的特色农业、农产品加工、乡村旅游等新模式，促进农村一二三产业融合发展，拓宽农民的增收渠道。例如，重庆大坝村依靠脐橙发展橙旅融合农业园区；吉林鹿乡村以梅花鹿发展保健医药和鹿产品交易集散地；浙江紫荆村以竹笛打造非遗旅游，传播竹笛文化；广西白沙镇以金橘促旅游，“山区变景区，果园变公园”等，都是通过突出优势产业，发展关联紧密的相关产业，优化产业结构，打造全产业链，相辅相成，实现了乡村资源的充分利用和产业高质量发展。

（二）科技推动显著，人才培养得力

传统的农业生产方式已不能满足现代农业发展需求和对农民的劳动吸引力，一些村镇积极与科研院所和农业技术部门合作，用讲座、座谈、参观等多种形式，吸引群众积极参与，培育了新型农民，培养出本土农业专家和农业经理人。一方面，留住劳动力、吸引人才，另一方面，示范推广新技术、新品种。例如，新疆生产建设兵团22团、山东南赵庄村、江苏八路镇、湖北潘家湾镇等积极开展产学研活动，辐射带动效果显著。

（三）多种主体机制，利益联结紧密

小农户是农业产业最基本单位，家庭经营在生产端发挥基础作用，大户和家庭农场在生产端发挥引领示范作用，合作社在产购销过程中发挥组织和服务作用，龙头企业在生产、农产品加工和销售等环节发挥主力和带动作用。示范村镇的产业各主体之间利益联结紧密，利益共享，风险共担，使市场环境良好，竞争有序。

（四）注重品牌建设，集聚效应明显

产业集聚带来的集群效应可促进产业内分工与产业间协作，推进资源综合循环利用和劳动生产率的提高，从而给整个产业和区域带来综合竞争优势，包括规模经济优势、成本优势、区域品牌优势、技术创新优势等。通过十年来大力推进“一乡一业”“一村一品”，已逐步形成了一批集群效应明显的农业产业，如山东杨安镇调味品产业、浙江紫荆村竹笛产业、内蒙古阿尔巴斯苏木绒山羊产业、广西白沙镇金橘产业等。

二、“十亿元镇亿元村”经验做法

产业兴旺是乡村振兴的经济基础，也是缩减相对贫困的重要手段。针对推进产业发展面临的主要问题，这些村镇围绕优势主导产业发展，主要从推动农业产业结构调整、推进全产业链建设、推动产业转型升级、完善联农带农机制和促进绿色可持续发展等方面入手，逐步培育出产业发展基础和竞争力，实现产业兴旺。

（一）推进产业结构优化

在找准主导产业的同时，使产业结构向粮经饲统筹、种养加一体、农牧渔结合方向转化。比如湖北龙王镇在传统水稻产业的基础上发展虾稻共生，阿尔巴斯苏木在养殖阿尔巴斯绒山羊的同时发展牧草产业，河南尚庄村在发展蜂产业的同时生产加工蜂机具等均取得了双产双丰收，互促互利，相辅相成。

（二）加强全产业链建设

在乡村原有的种养生产基础上，大力发展农产品加工、仓储物流、市场销售及服务业。同时，发展休闲农业、观光农业，拓展产业多功能，挖掘农村文化资源，发展传承农耕牧渔文化，开展科普教育及体验活动。整体延伸产业链，打造供应链，提升价值链。

（三）推动产业转型升级

以龙头企业牵头，提升技术和装备水平，形成产业集聚，打造产业集群，形成加工引导生产、加工促进消费的良性发展态势，推进产业向设施化、园区化、融合化、绿色化、数字化发展。

（四）完善联农带农机制

通过合理打造农业经营体系，从农民技术培训、适度经营和促进新型经营主体带动小农户入手，形成有效利益联结，保证农民利益。可采用丰富多样的合作形式，推广“龙头企业+合作社+农户”等模式。不断完善利益共享机制，通过订单合同、按股分红、利润返还等方式让小农户分享增值收益。培育发展一批带农作用突出、综合竞争力强、稳定可持续发展的农业产业化联合体，为完善产业组织体系注入新动能。

（五）促进可持续发展

坚持创新发展，树立绿色发展理念，从产品质量、产业结构、生产方式等方面，按照技术创新、组织创新、市场创新的理念，大力推进优质农产品绿色生产、生态保护、质量安全等进步，破解高产高效和优质之间存在的矛盾，促进产业可持续发展。

第三节　“十亿元镇亿元村”启示

一、文化加持，提档增效

单一的产品、单纯的风景已很难满足现代人不断提高的品位和精神需求，这时因地制宜地挖掘当地文化遗产，给产品或农旅加上独特历史渊源、文化标签和趣味故事，将会带来令人惊喜的效果，不仅增加产品附加值，而且有助于产业长远可持续发展。例如，浙江省紫荆村将竹笛成功申报为国家地理标志产品之后，着力打造“浙江省民族艺术之乡”，是《联合国森林文书》履约示范单位，并申报浙江省非遗旅游景区；同时，连年举办全国竹笛夏令营活动、竹笛文化艺术节，以及竹笛拜师礼仪活动和竹笛传承礼仪活动，邀请全国各地乃至世界的竹笛大师、演奏家、制笛大师等竹笛界权威专家和音乐爱好者参与，树立业界优秀产品形象和权威地位。这为紫荆村竹笛产业的长远可持续发展奠定了坚实基础。

又如，陕西省袁家村深入挖掘关中民俗，专注于关中农家特色饮食和民俗体验，发展乡村旅游，将一个“空心村”打造成在全国“多点开花”的特色文化旅游村。

再如，重庆永川黄瓜山村围绕梨产业，破解“一花看十年”的瓶颈，通过组织创作永川第一首村歌——《黄瓜山村之歌》、编纂永川第一部村志——《黄瓜山村志》、组建永川首个村级农民艺术团——“黄瓜山村圆梦艺术团”、编唱《黄瓜山村村规民约》三字经、评选乡贤、挖掘传承“川东花生”等非物质文化遗产等，为梨产业植入文化元素、乡愁元素、乡贤元素、非遗元素等，打造多情多趣、多姿多彩的魅力梨乡。

二、村委牵头，协调自治

产业发展了，村子脱贫了，如何能保证农民利益最大化，全村共同进步，以及产业未来可持续健康发展，是每一个脱贫地区需要思考的问题。

例如，在陕西省袁家村打造“关中民俗第一村”过程中，村集体发挥了重要作用。整个景区的运营管理由村委会牵头，下设管理公司，公司下设协会，层层负责。

村干部为全村的景区义务服务，同时，自己也可以经营农家乐，使村民与干部结成利益共同体；小吃街、农家乐、酒吧等各协会，由会员自行推选协会管理者，管理者为会员义务服务，进行行业自律和内部协调管理；村民自愿认领商铺种类，优胜劣汰，避免经营同质化；不同运营项目的利润率不同，村委会牵头评估并奖补，促进产业的全面、均衡、创新发展，并保证村民共同富裕。

再如山东德州张培元村在发展大葱产业工作中，村“两委”发挥先锋作用，由党员干部带头垦好田、种好葱，并由村“两委”出面积极与省市县沟通交流，争取省、市驻村工作组支持，进行了1 800余亩地力提升和方田打造，建设标准化生产基地，对全村大葱产业的提质增效起到关键作用。

三、适度规模，控险提效

产业要发展壮大，就需要规模化，但并不是越大越好，必须结合本地情况，因地制宜，因产业而异。例如，四川省果园村的经验显示，坚持“大园区小业主”生产模式有利于规避风险，提高效益。在引进葡萄产业经营主体方面，村党委始终坚持一般业主30~50亩、企业不超过200亩的原则进行土地流转，有效规避了种植风险，提高了种植效益，并设立土地流转服务代办点，为想种葡萄、要种葡萄的人提供土地租赁流转服务，解决了土地难协调的问题。

四、小众产业，亦农亦工

大多数地方发展农业产业，其产业链都是围绕某一种农产品打造的，即种植/养殖—加工—产品市场销售一体化。而像河南省尚庄村的蜂产业，是相对较为小众的产业，村民在蜜蜂养殖与蜂产品加工外，大力发展蜂机具加工。其产品有蜂箱、摇蜜机、榨蜡机、熏烟机、巢础、蜂衣帽、瓶具、脱粉器等，以家庭作坊式生产加工为主，借助互联网电商行销全国。仅此机具一项年产值就超亿元。既能增加农民收入，又能有效助力本地产业发展。

五、保源护原，唯民为上

种质资源对农业的意义至关重要。要保护农产品的原产地、发源地，首先，要保证当地农民利益，促进产业发展。例如，内蒙古阿尔巴斯白绒山羊是亚洲古老山羊的一支，有着数千年历史，是世界一流的绒肉兼用型珍稀品种，被列为《国家级畜禽遗传资源保护名录》一级保护品种。阿尔巴斯苏木在传统基础上，树立品牌，壮大产业，获得了“农产品地理标志登记证书”等。同时，建设了各类草场，开发农牧、草原文化旅游，全面推动了阿尔巴斯绒山羊产业发展。

又如，河南省董家河镇是著名茶叶品种“信阳毛尖”的原产地和核心产区。董家河镇以优惠措施为引导、以旗舰企业为带动力量、以产品品质为保障，大力推动茶产业发展，将历史上的“茶乡明珠”发展为如今的“毛尖小镇”“绿茶之都”。

再如河南省夏邑县北岭镇是夏邑“中国西瓜之乡”的发源地和主要种植区。北岭镇在“优”“精”“特”上下功夫，实施“一带二路三园区四基地五目标”工程，采用上茬西瓜、下茬果蔬的一年二茬轮作模式，增加了农民收入，保证了西瓜产业的持续发展。

综观这些特色产业“十亿元镇亿元村”典型案例，从产业类型到自然条件，从发展模式到运营方法，千差万别形式多样，但均达到产业发展、农民富裕的目的，可借鉴的经验做法各有千秋，给我们的启示很多。希望这些经验和启示能为全国乡村特色产业的进一步发展作出贡献，助力特色产业百花齐放，更加繁荣兴盛，使乡村特色产业成为全面乡村振兴的有效抓手和有力支撑。

吉林鹿乡镇：打造“梅花鹿第一镇”

吉林鹿乡镇以加速三产融合发展为抓手，以冲击国家级鹿业现代农业产业园为目标，不断强化标准化养殖、系列化研发、品牌化打造、产业化发展“四化思维”，大力发展鹿业产业。

鹿乡镇位于吉林省长春市的半小时经济圈内，隶属于“中国梅花鹿之乡”长春市双阳区，素有“中国梅花鹿第一乡”的美誉，是全国重点镇、全国一村一品示范镇、全国美丽宜居小镇、吉林省十强镇、吉林省特色小镇，2018 年荣获“中国乡村振兴先锋十大榜样”称号，2019 年被评为第二批“吉林省特色农产品优势区”，2020 年荣获“全国乡村特色产业十亿元镇”。

机制体制：鹿乡镇已逐步成为城乡一体的连接带、经济发展的催化剂和乡村振兴的助推器。2020 年，全镇 GDP 达到 57 亿元，固定资产投资达到 3 亿元，全口径财政收入和本级财政收入分别实现了 3 500 万元和 520 万元。

鹿乡镇拥有 2 000 多年的鹿文化和 300 多年的圈养梅花鹿史，并一直致力于将梅花鹿产业不断传承和发展。2020 年，全镇梅花鹿达 15 万只，鹿业养殖小区达 62 个，中小型鹿场达 1 200 个，梅花鹿规模养殖专业合作社达 23 家，养鹿户近万户，梅花鹿标准化养殖程度达 60%以上。培育壮大各类鹿产品加工企业 60 余家，省级以上农业产业化龙头企业 3 家、市级以上 13 家，围绕梅花鹿共研制开发出 10 大类 1 000 多个品种，实现了药品、保健品、饮品等多个方面的突破。鹿产品经销户 1 000 余家，年客流量超百万人次。小镇已逐步成为国内最标准的梅花鹿养殖基地、最成熟的鹿产品研发加工基地和最繁荣的鹿产品交易集散基地。

鹿乡镇充分放大梅花鹿存栏数量多、产业链条长、市场份额高、融合能力强、利润空间广、发展前景好“六大优势”，不断强化标准化养殖、系列化研发、品牌化打造、产业化发展“四化思维”，紧紧抓住养、研、产、销“四个环节”，通过鹿业高质量发展，推动乡村全方位振兴。

一、抓提质

围绕双阳梅花鹿品牌，以鹿业大数据平台项目为依托，建立梅花鹿养殖标准化体系和可追溯体系，加大双阳梅花鹿提纯复壮力度，进一步优化鹿只种群结构。通过实施梅花鹿贴息贷款政策，迅速壮大种群规模，筑牢发展“底盘”。结合国家梅花鹿养殖综合标准化示范区建设，加快扩充种源繁育基地，鼓励和支持养殖大户实行标准化养殖，全面改变传统的、粗放的饲养方式，降低鹿养殖成本，提升双阳梅花鹿的品质。

二、搞研发

以吉林省鹿产品质量监督检验中心为依托，以与吉林农业大学“校镇合作”为契机，成立梅花鹿产业研究院，借助农大专家团队，致力“科技兴鹿”，打造真正“叫得响”、得到国内外认可的高技术含量、高附加值的产品。支持企业加强与吉林大学、省农科院等各大院校、科研院所合作，进一步加大鹿产品精深开发力度，真正以科技效应拉动鹿产业持续健康发展。

三、引投资

利用全域旅游，以及创建鹿业现代农业产业园和获批国家一二三产业融合发展示范项目的良好效应，围绕养、研、产、销全产业链，山、水、人、文等全资源，狠抓招商引资，强化项目建设。加大对世鹿鹿业、长生鹿业等一批鹿业精深加工企业的扶持力度，鼓励企业扩大投资规模，发挥引领带动作用，力争利用1~2年新培育2家省农业产业化龙头企业。特别是在三产融合上下功夫，不断推进金恒梅花鹿产业园、鹿鸣湖等项目开工建设或投入运营，打造一批能养、能吃、能赏、能玩的鹿业综合体。

四、重管理

以打造“诚信鹿乡”为契机，继续采取政府引导、企业主体、市场运作的机制，建立现代化管理体系，彻底解决目前鹿产品市场功能单一、信息不畅等问题，用“大市场”规范“小市场”。同时，针对梅花鹿产品经营市场存在的问题，进一步加大行政执法力度，整合畜牧、公安、市场监管等部门力量，切实加强梅花鹿生产经营市场的长效监管，持续开展鹿业市场的清理整顿工作，坚决整治不正当经营行为，努力建立公平有序、充满活力、更加开放的市场秩序。

五、育文化

策划实施“中国双阳梅花鹿采茸节”“鹿文化节”“鹿乡大集”、百家媒体鹿乡行等品牌节庆活动，高标准举办中国双阳梅花鹿节，切实提升影响力。将鹿文化与地域文化、萨满文化、康养文化等进充分融合，深挖内涵、厚植底蕴，通过“鹿城鹿音”微信公众号科普鹿知识，传播鹿业声音，高水准、高质量策划创作梅花鹿特色小镇宣传片，不断扩大鹿神舞、花棒秧歌等彰显鹿神鹿韵文化产品的影响力，提升和丰富中国双阳梅花鹿博物馆层次水平及展品数量，为产业发展注入新活力、增添新动能。

江苏省邳州市八路镇：“花开富贵”

江苏省邳州市八路镇位于邳州南部，全镇总面积 65 km^2，人口 44 516 人，耕地面积 48 000 亩，辖 14 个行政村，劳动力丰富。交通便利，省道 250、省道 251 依镇而过，省道 344 横穿镇区，G30 高速邳州西高速出口距该镇不足 5 km。岠山 AAA 景区坐落境内，全镇山水呼应，河湖纵横，田园错落有致，空气清新，是宜商宜居佳地。

八路镇着力打造“一朵花的美丽”标识特色，用工业理念推进农业，突出绿色发展，构建现代农业综合发展模式。坚持以市场需求为导向、以技术和商业模式创新为动力，高标准规划建设花卉产业园。积极和浙江大学、南京农业大学合作共建，着力于花卉新品种的研发、示范、推广，提高邳州花卉在全球市场占有率及品牌知名度。目前花卉苗木种植突破 16 000 亩，种苗凤梨、蝴蝶兰高档花卉智能日光温室超过 30 万 m^2，观赏草基地 1 000 多亩。鲜切白菊、蝴蝶兰及凤梨种苗出口日本、韩国、欧美等国家和地区，年出口创汇突破 4 600 万元。

一、产业发展

八路镇栽培花卉历史悠久，2005 年开始大面积发展。八路镇以花卉园区建设为载体，以特色产业为支柱、以科技为引领、以农旅休闲为核心，延长产业链条，精心做好“花”样文章。主要生产鲜切花、盆栽花以及观赏类绿植，并以八路镇为核心的花卉市场成为苏北最大的花卉苗木交易的集散地。同时，配套建设花卉体验馆、花卉超市、农民创业孵化就业培训基地，吸引周边农旅、扩大销售、培养人才。此外，由于花卉种植收益大，日常管护成本低，劳动力从土地中解放出来，通过从事其他职业获得更多收益。

目前，镇内拥有花卉种植合作社18家，占全镇专业合作组织总数60%，加入合作社农户4 251户，占从事主导产业农户数63%；花卉种植有限公司6家，全部与合作社实现有效对接，推行“公司+合作社+农户”模式，实现双赢；拥有徐州市级龙头企业1家、邳州市龙头企业6家。

二、联农带农

花卉产业已成为农村经济和农民脱贫致富的支柱产业。目前，全镇花卉产业收入100 828万元，占全镇农业经济总收入61%，从事花卉生产经营者4 352户，占全镇农户总数41%；农民人均可支配收入22 650元，高于邳州全市农民人均可支配收入20%以上。

（一）政府搭台，群众唱戏

加大职业农民精准培训，着力培养有文化、懂技术、会经营的新型职业农民和电商队伍。拓宽线上销售渠道，加快“互联网+”与特色产业加速融合，建设2 600 m^2 农副产品销售电商大楼以及4 000 m^2 仓储室，驱动实体店和电商同步销售，注册“春淼”商标，主导产品通过合作社销售占85%以上。

（二）政策支持，科学规划

邳州市出台了一系列引导、扶持、奖励政策，实行有效激励措施，搞好土地流转，帮助解决发展所需资金，组织农民培训讲师团在全镇巡回讲解花卉种植技术，确保花卉产品的科技含量。配套设施全部建成后，拥有景观花卉苗木基地、花卉苗木市场、花卉物流中心、花卉淘宝电子交易市场及花卉体验中心、花卉园艺展览馆为主体的花卉文化主题公园，将拉动集科研、生产、销售、物流配送、电子商务、休闲旅游等相关20个富民产业，建成集循环农业、创意农业、农事体验三位一体的田园综合产业园。

三、产业集聚龙头带动

招商引资山东青州以及本地客商入驻园区，已建成10万 m^2 盆栽花智能日光温室、5 000 m^2 的花卉超市，引进比利时企业建设40 000 m^2 智能温室和3 500 m^2 组培室的“比利时德鲁仕植物种苗（邳州）繁育基地”，以及建设18个15 m×110 m智能单体温室的富民产业园。

四、平台构建科技引领

配套建设4 000 m^2 的花卉体验中心、2 500 m^2 的花卉园艺展览馆、1 000 m^2 电商服务中心和1 000 m^2 园区服务中心。积极和浙江大学合作共建，引进新品种、新技术，建设30亩宿根花卉研发基地、300亩花园植物种植示范基地、200亩物流中心和200亩花卉苗木交易市场以及相关附属工程。

五、承担项目，建设基地

八路镇是“全国巾帼现代农业科技示范基地”、江苏省苏北地区最大的“鲜切花出口创汇基地”“江苏省现代农业科技综合示范基地”“比利时德鲁仕植物种苗（邳州）研发基地”“徐州市优秀休闲观光农业园”“浙江大学（邳州）宿根花卉研发基地”“邳州市农产品电子商务产业园”。通过承担项目、建设花卉基地，壮大花卉培育、种植、销售和品牌打造力量。

六、发展电商，拓宽“花”路

互联网电子商务平台的建立，使花卉产业得到高速发展。八路镇整合区域内花卉资源，搭建花卉电子商务产业平台，形成研发、物流、贸易等较为完善的产业链。目前，八路镇扎实把握自身产业优势，依托花卉产业的资源优势，入驻八路镇花卉电子商务创业园的企业3家，电子商务销售额4 200万元，网上各类农产品交易量达1 260万件。现已发展电子商务从业人数2 200余人，网店152家。探索建立“政府+知名第三方电商服务+市场主体”的电子商务发展新模式，在电商平台建设、农镇淘宝示范点建设、电商创业主体培育、优化电商创业服务、完善电商创业推进机制上均有新突破，以“花卉”为媒，搭上“电商”之风，推介、展示八路镇优美的环境、丰富的特产、深厚的人文，从而带动工业、农业、城建、现代服务业和社会事业的全面发展，造福镇民。

主要参考文献

李锦顺，2022. 发挥本地优势发展乡村特色产业［M］. 北京：华龄出版社 .

林涛，2018. 县域农业特色产业创新发展与政策研究［M］. 北京：科学技术文献出版社 .

刘洋，2023. 乡村特色产业与休闲农业融合发展研究［M］. 沈阳：辽宁大学出版社有限责任公司 .

农业农村部乡村产业发展司组，2022. 乡土特色产业［M］. 北京：中国农业出版社 .

王静，李德铭，2023. 高质量发展阶段西部县域农业特色产业竞争力提升研究［M］. 北京：经济科学出版社 .

俞燕，2022. 供给侧结构性改革下我国乡村特色产业创新发展研究［M］. 北京：中国纺织出版社有限公司 .

郑红燕，等，2023. 乡村特色产业促农增收实操详解［M］. 北京：中国原子能出版社 .